U0717918

我们
与生俱来的
小情绪

吴娟瑜 著

台海出版社

图书在版编目（CIP）数据

我们与生俱来的小情绪 / 吴娟瑜著 . -- 北京：台
海出版社，2019.9
　　ISBN 978-7-5168-2368-2

　　Ⅰ . ①我… Ⅱ . ①吴… Ⅲ . ①情绪－自我控制－通俗
读物 Ⅳ . ① B842.6-49

中国版本图书馆 CIP 数据核字 (2019) 第 102097 号

著作权合同登记号　图字 01-2019-1875

　　中文简体字版通过四川文智立心传媒有限公司代理，经由华文网股份
有限公司启思文化独家授权，限在大陆地区发行。非经书面同意，不得以
任何形式复制、转载。

我们与生俱来的小情绪

著　者：	吴娟瑜		
责任编辑：姚红梅		装帧设计：邢海燕	
责任校对：樊新乐		责任印制：蔡　旭	

出版发行：台海出版社

地　　址：北京市东城区景山东街 20 号，邮政编码：100009

电　　话：010 － 64041652（发行，邮购）

传　　真：010 － 84045799（总编室）

网　　址：www.taimeng.org.cn/thcbs/default.htm

E - m a i l：thcbs@126.com

经　　销：全国各地新华书店

印　　刷：河北盛世彩捷印刷有限公司

本书如有破损、缺页、装订错误，请与本社联系调换

开　　本：880mm × 1230mm	1/32	
字　　数：159 千字	印　　张：8.25	
版　　次：2019 年 9 月第 1 版	印　　次：2019 年 9 月第 1 次印刷	
书　　号：ISBN 978-7-5168-2368-2		
定　　价：42.00 元		

版权所有　翻印必究

序

情绪的变化

首先要感谢各位读者，当你翻开这本书，代表你和我相似，从小到大，我们在情绪成长的道路上颠颠簸簸。有时候，我们稳如泰山，不管人间世事如何变化，就是如如不动，顺其自然。有时候，情绪的狂风骤雨突降，仿佛过山车，不断地急转弯，急转弯，再急转弯。

我们安慰自己："这就是生活！"但是，大多时候，我们都会惊魂未定地扪心自问："这一趟情绪惊险之旅，到底想告诉我什么？为什么我会如此地焦虑、错愕、不安？"

不管我们是因为失恋、离婚、失业，还是因为对过往人生懊恼失望、对未来方向茫无所知而情绪化，情绪产生的根源、情绪的起伏落差、情绪的管理掌控，其实是有迹可循，有路可走的。

谈到"情绪化"，多数是负面的感觉，认为孩子情绪化是不乖；

夫妻情绪化是荷尔蒙失调；同事情绪化是脾气不好；客户情绪化是他有钱、有条件生气。

事实上，"情绪化"是指"情绪有变化"，这是人之常情，无关男女性别，无关年龄大小，无关位阶高低。只要是人，都有情绪的变化，也都有情绪疏通的渠道。

大多数人受到被贬义化的"情绪化"影响，以至于你的脸色、说话的口气稍有变化时，马上就会被周遭的人指责："你这个人太情绪化了。"殊不知，此时此刻把"情绪"压抑下去，把"感受"和"需要"吞咽下去，硬生生地压到潜意识里，将来碰到类似的情境，你将会爆发出更多的负面情绪。

在与周遭人的接触中，我深深感受到他们内心的不安和浮躁，为了能够帮助他们解决这些内在的情绪问题，我写了这本书。

二十年来，情绪管理在社会上一直是热门话题，也一直是演讲主办单位较关注的主题之一。我也一直对情绪化的成因、情绪管理的妙方，以及扩大情绪空间坚持不懈地进行研究，相信明眼的你，一定看得出本书的着眼点。

在提升情商能力、稳定情绪能量的学习路上，探索情绪为何产生固然重要，更重要的是如何进行情绪管理。过往和父母的关系，和情人的误会，和同事的疙瘩，和客户的矛盾，尽管曾经留下不堪的印痕，然而我们更需要学习如何走出情绪创伤，如何创造情绪亮点，如何在情绪管理中既治标又治本。

建议大家来一趟情绪探索之旅，再积极进入情绪管理的成长之路。人生是很有趣的，一路阅读下去，你将会发现原来你比想象中的自己更坚强，而你学习了这本书的内容之后，更有能力去理解周遭的亲友同事。当他们来寻求人生解答，来探问何去何从时，你绝不会像过去那样回答："我都无法照顾自己的情绪，又如何关心你？"你也不会问对方："你怎么一直在相同的困扰里打转？"

脱离了情绪探索的互动模式，相信你一定会转身面对他们，同时用情绪管理妙方，倾身向前地问："你打算如何进行下一步的情绪调整呢？"让对方从情绪低潮中脱身而出。

没错，情绪管理路上需要换一点新把戏、新方法了。因为，脱胎换骨的你绝不放弃成长，绝不弃自己于情绪荒芜杂乱、不见天日的古井里。你渴望学到能够让自己和他人自由表达情绪的方法。

祝福大家，让我们一起成长！

吴娟瑜

目　录

第二章　现在的情绪来自过去的经历

第三章　怎么处理情绪，将影响你一生的际遇

日常相处篇

恋爱相处篇

亲人相处篇

第四章　如何面对情绪勒索

第五章　超实用急救贴，提升你的情绪自愈力

后记　生活在行动里

第一章

展开情绪探索之旅："你有什么感觉"

我们必须设法打开心灵和

身体的沟通渠道，

将生命的信息送进体内。

生气,
找出负面情绪的引爆点

每次耐心等候应酬晚归的丈夫,她总是告诉自己:"态度要好一点。"可是等到丈夫一踏进门,她还是忍不住地摆出脸色,开始数落……

他,则是只要看到儿子不认真做功课,到处走动,就会厉声怒斥……

另外一位他,在公司服务四年多了,其实他非常欣赏主管的学识和能力,可是只要主管找他个别谈话,他的内心就有反感、有抗争。

她、他、她、他……所有我们看得到的别人的行为模式、情绪反应,其实皆可以映照到我们自己的人生。我们常对令我们不满意的人生气,究竟是对方真的罪不可赦,还是我们的内在尚有需要弹性调整的地方?

情绪,就像情感有思绪,也仿佛情感的丝絮,我们此刻所看到的负面情绪反应都有脉络可循。也就是一个人为何容易生气,如果愿意从自我探索的路途去寻找答案,其实是有其来由的。

不能忍受丈夫晚归的妻子,可能在小女孩时期常看到母亲和晚

归的父亲起争执的画面；不能忍受儿子吊儿郎当的爸爸，可能来自
要求完美的家庭；无法和主管亲近相处的属下，可能从小和父母有
着紧张的关系。

所以，负面情绪可能在一个类似的画面被引爆了。

此时此刻，我们当然可以尽快找到自我调整的方法，比如暂离
现场、深呼吸、找人倾诉等，然而这些方法只是"治标"。情绪管理
的根源，最好还是从"治本"着手。只有愿意从原生家庭去探寻家
人关系，愿意找出那个曾经让我们有受伤害感觉的画面，然后开始
进行宽恕和整合的工作，那个负面情绪的引爆点，才有机会渐渐被
抚平。

◇　**情绪调整练习**

一、从小谁最常惹你生气？那个画面还能从记忆深处找到吗？

_____

_____

_____

二、你运用了什么策略抚平负面情绪的引爆点？

_____

_____

_____

嫉妒，
看不到自己的好

嫉妒，就表面上看来，是因为竞争而引起的。会有竞争，是因为有了比较。比较的时候，我们可能又会有以下几种反应：

一种是欣赏，也就是能接纳对方的好，把对方当作学习的榜样；一种是羡慕，是高估对方，但是不受对方影响，所以无伤大雅；一种是嫉妒，也就是只看到别人的好，而看不到自己的好，心中起了暗中较劲的意味。

生活里面多了嫉妒，容易造成情绪负担。例如，我们可能会因为与人产生摩擦，而有人际相处的压力；也可能会因为自己慢他人一拍而感到泄气。

从小我们常听到一些说法："姐姐比较乖，你总是不听话""你看隔壁小龙多好，回到家就开始写功课"，或是"这次月考再退步，我只带妹妹出去玩"。比来比去，心里总是不服气。万一事实又证明自己真的做得没有别人好，那么从此更是"看不到自己的好"。

这种"看不到自己的好"，是形成嫉妒的内在因素。这往往会让一个人在成长的岁月里争强好胜，有时还伴随着自大或自卑。

在学习情绪管理的过程中，让我们回到生命的原点吧！

　　让我们拿出一张纸、一支笔，写下自己可爱的人格特质。或是对着镜子，微笑着告诉自己："我表现得不错。"或是赞美别人的同时，也承认自己的优点。总之，当我们能够一点一滴地学习和自己好好相处时，自信心自然会产生，至于嫉妒，则再无容身之地了。

◇　**情绪调整练习**

一、你拥有哪些可爱的人格特质？

_____

_____

_____

_____

二、你的朋友（兄弟姐妹）拥有哪些优点？你同时也拥有哪些
　　优点？

_____

_____

_____

_____

_____

担忧，
放下忧心的担子

有一位女性上班族，拥有一份喜爱的工作，同事间的相处也十分融洽，但她总是不快乐，常操心这个，担忧那个。

如果问她："你究竟在担忧什么呀？"

她会说："我也搞不清楚，好像也不是什么重要的事，但就是会挂在心上。比如说，下次开会，经理如果问我意见，我该怎么回答？或是爸爸的生日快到了，我要不要回老家一趟？"

有一天，她回到老家。晚饭后，她和祖母、母亲、叔婶一起坐在稻谷场聊天，她就像小时候那样乖巧地聆听。听着听着，她听到这些长辈们的习惯用语："很难说啊！到时候不知道会变成什么样。""我就是担心做不到。"

这不就是此刻的她的习惯用语吗？

对未来尚未发生的事，在此刻事先去烦恼操心，这就形成了担忧的负面情绪。若要革除这种"担"不必要的"忧"的习惯，不妨想一想这次担忧的事件，究竟是和别人有关，还是和自己有关。如果是和别人有关，其中又可分为"人"或"事"。如果和"人"有关，那么需要去整合关系，改善人际关系；如果和"事"有关，则需要增强处理事情的行动力；若和自己有关，那么可以运用自我管理来调整现状。

像上述这位女性上班族，不妨养成一个新的习惯：把此刻心中担忧的事写下来，然后做一个简单的评估。哪件事不归自己操心，或是时候未到，那么就把它删除；哪件事该注意，比如开会可提的报告，不妨事先列下两三项。在对担忧的事情进行评估后，忧心的担子就可以放下来了。

◇ **情绪调整练习**

一、你此刻心中担忧的事情有以下几件：

_____

_____

_____

二、对于你心中担忧的事情，哪些并不属于你的责任范畴？哪些现在担心也没有用？又有哪些是此刻就该注意的？请将它们分门别类列举出来：

_____

_____

_____

沮丧，
哪个想法被卡住了

通常我们看到情绪沮丧的人，不免习惯性地想去安慰他。沮丧的人，往往也表现出一副不知所措、痛苦难熬的模样。

等一下！在这里，我们需要进一步地观察和了解沮丧。沮丧可以说是除了生气之外，较常见的负面情绪之一。它的出现有以下这些可能性：

一、为了寻求慰藉

有些人习惯在看到具有某种特质的人时，就表现出沮丧。例如，年幼时母亲给予过多的呵护，长大碰到困难时，渴望找到母性强烈的女性来依靠。

二、为了让对方内疚

这意思就是说，嘴巴没有明讲，但是在行为上表现出"要对方为今天的结果负责"。像恋爱中的情人，有时候会用这种沮丧的模式来折磨双方。

三、自己觉得没有希望

脑袋里装满了负面想法，认定自己怎么做都做不好。

碰到有沮丧倾向的人，请你在他表现良好的时候，马上增强他正向的信念。例如，他说"我相信我可以……"，你就以"对，你正在努力……"或是"对，我相信你可以克服……"等语句来鼓励他。

如果自己有沮丧的习惯，除了加强运动、调整作息、促进身心平衡外，还要检视一下，到底在想法上哪里被卡住了。在我们把负面想法列下来后，把"我总是表现不好"改写成"我可以进一步改善"或"我有心调整"，沮丧的感觉将逐渐被振奋取代。

◇ **情绪调整练习**

请将"我总是不能……"改写成"我可以变得……"（例如："我的成绩总是很差。"改写成"我的成绩可以越来越好。"）

_____

_____

_____

_____

_____

_____

自责，
把"应该"拿掉

　　她明知这个男友并不适合她，分手的提议已经几次到了口边，可是又十分自责，觉得不应该如此伤害对方。

　　他参加考试后，成绩并不理想，他深深自责，觉得太对不起家人，当初应该更认真一点，更尽力一点。

　　自责的方式还有许多种，例如：

　　"当初我如果多帮他一点，今天事情也不会这么糟。"

　　"都是我没有管教好，孩子才变成这样。"

　　"实在不应该推出这项企划案，没想到今天给公司造成这么大的损失。"

　　…………

　　习惯于"自责"的人往往带着"万能思考"在看待事情，误以为自己具有超能力，凡事应该把它做到最好。如果没做好，要么是自己做错了，要么就是在过程中忽略了什么。结果，不知不觉地承揽了别人的责任，也不知不觉地"保护"，或"溺爱"，或"姑息"了对方。

　　把"应该"拿掉吧！

当我们向别人说"你应该做好……"时，往往会造成对方"自责"或"抗议"；当我们向自己说"我应该做好……"时，往往会造成自己"内疚"或"自责"。

从今天起，每当我们开口说话时，不妨把"应该"改为"可以"。例如："你可以做好……""我可以做好……"。

我们甚至可以把"应该"两字完全略去，学习接受自己并非"万能者"，万一犯错，尽快用行动去改正即可。这样不带自责的人生，做人更有弹性，做事更有发展空间。

◇　**情绪调整练习**

一、你最近一次感到自责的事情是什么？

　　_____

　　_____

　　_____

二、请将"都是因为我，我当时应该……"中的"我应该……"改成"我可以……"。

　　_____

　　_____

　　_____

寂寞，
学习和自己相处

　　我们从小就在寻找一些亲密的联系，笑容、抚摸、细语、拥抱……尤其是和母亲之间，一直存在着一种安全、温馨、无忧无虑的联系。

　　这份联系跟着我们一天天地长大，却渐渐失去了依附，因为在我们的内里有一种新的声音——我们渴望独立成人。可是另一方面，我们却又害怕新的环境、新的挑战、新的人生。因此，在勇往直前的时候，我们浑然忘我；然而在午夜梦回的时刻，我们却找到了寂寞做伴。

　　这种寂寞的感觉，让我们若有所失。不知不觉地，我们依循着童年的依恋，努力在人生各种旅程中，寻找和我们情趣相投、精神相属的人。通常，坠入情网就是这样产生的。

　　坠入情网给我们一种狂喜的感觉，精神空虚的那部分竟然被填满了，生命的趣味、丰富、浪漫的感觉通通出笼。然而，就像点燃的火柴一样，坠入情网的感觉在狂烧一番后，短时间内即趋于平静，趋于冷却，寂寞的感觉再度出现。

　　君不见，许多不甘寂寞的人得了"爱情上瘾症"，不断地在爱爱恋恋中寻找自己。

如何不寂寞呢？

多爱自己一点吧！

每天至少有三十分钟静心独处的时刻，听听自己的内在声音，给自己一个温暖的拥抱，做自己喜欢做的事，为成长做记录等。当我们学会和自己相处时，就可以跟寂寞说再见了。

◇　**情绪调整练习**

一、你今天跟你的内心有段对话：

_____

_____

_____

_____

二、你今天做了什么让自己感到开心的事？

_____

_____

_____

_____

害羞，
敞开灵魂的尺度

"害羞"两个字，从字面上了解，仿佛就是因为羞耻而害怕。其实在外人看起来，我们并没有做错什么，可是我们却认定自己做错了事而坐立难安。

尤其当我们看到在意的人，可能是喜爱的对象，可能是有决策权的主管，也可能是台下昂首翘望的听众时，一时就脸红气躁，手脚不知道往哪里放，嘴巴也不知道该讲些什么才好。

所谓我们认定自己做错了事而害羞，就像是开口的第一句话似乎不得体，或是今天的穿着不适合场面，或是刚才的某个动作不够文雅……总是有理由找到自己"不够好"的部分。

害羞的人，灵魂的深处摆着一把大尺。

这把大尺上的刻痕来自从小要求完美的家教，来自表现过于优异的家人，也可能来自缺乏亲密相处的家庭，以致时时刻刻，不经意地在旁人面前，以灵魂内的大尺衡量自己的言行举止。一边暗自衡量，一边就开始害羞了起来。

有一位男士相亲了无数次，但每次面对女方还是结结巴巴。经过心理咨询，发现原来他是独子，从小受母亲过度宠爱，他本人对母亲也有很深的依恋，所以每次面对女性，他都会手足无措，害怕对女性有不当的冒犯。

事实上，害羞无罪。

最重要的是，如何把灵魂深处的那把大尺敞开来。对于渴望快速改善害羞状况的人，我的建议是"每日一笑话"。练习把看来的、听来的、亲身经历的笑话转述出来。刚开始可能讲得不完整，甚至有点别扭，但是只要你开口讲、持续地讲，很快你就会发现害羞被幽默、欢笑、友谊挤到一旁去了。

◇ **情绪调整练习**

一、你今天听到 / 发生了什么好笑的事？你将这件事转述给亲朋好友听，他们的反应是什么样的？

_____

_____

_____

二、当你跟众人分享有趣的事情时，你还会感到害羞吗？

_____

_____

_____

冲突，
如何做到心灵平静

我们无时无刻不是生活在一些大大小小的冲突里面。大的可能是国际间的战争侵略、议会里的唇枪舌剑、公司里的明争暗斗、家庭里的关系失调，小的可能是个人内心的一些挣扎、矛盾、不舒服的感觉。

今天在此，我们主要探讨的是个人内在的心理冲突。这些冲突存在于我们的每一个"意念"里头，而我们对每个意念的"解说"方式，又影响了我们的接受与否。

例如，在家里、在办公室或在公众场合等，我们和某一个人的沟通出现了障碍。这时，一个有弹性、自我接受度高的人，在"意念"上不会去批判对方，只会想办法去"了解"，而"解说"的部分将是"我需要和这个人进一步沟通"，或是"这件事我需要重新了解一下"。

然而，换作是一位自我要求高，或是对别人有高要求的人，在"意念"上可能多了些批判，在自我"解说"上将是"我总是无法和人好好相处"，或是"我怎么这么倒霉，总是碰到这种人"。在这样的批判"意念"和负面"解说"之下，不知不觉地扩大了心理冲突。

　　心理有冲突是一件好事，表示个人成长又有了新的契机，但更重要的是，不要让冲突日益囤积扩大。所以，让我们学习去观照自己的内在冲突，用写日记的方式，或找人面谈咨询，或自我对话皆可。当我们重新讲述一遍时，就有机会探照到冲突的真实意义，并且找到个人和冲突之间平衡、和谐的相处方式，同时感觉到心灵的平静了。

◇　**情绪调整练习**

一、撰写一篇温暖日记吧！写下心中那些想说但不敢说出口的话：

_____

_____

_____

_____

二、请揪出常自我批判的三个字句，并重新修正为正面字句，减少内心冲突。

_____

_____

_____

_____

觉察，
自我成长的第一步

有一位妻子常觉得苦闷，有话不敢直说，也不好意思拒绝别人，成天就像一个焖锅，外表平静，内里挣扎。

另一位是心理治疗师，当她瞧见一位初诊的男士走进来时，不知道为什么就是异常愤怒，想把他赶走。

各式各样的情绪经常不知不觉左右我们的决定，左右我们的好恶。这时，我们需要一个清晰的觉察过程，去探索到底发生了什么事。

觉察来自更敏锐的静心体会，从听觉、触觉、视觉、嗅觉进入自己体内，深深去"心觉"，可能是某一块肌肉的反应，可能是某一触觉的联想，也可能是某一个回忆的闪现。通过这样的觉察，我们可以更好地领会情绪反应的意义。

当我们感知到愤怒、害怕、喜悦、兴奋、嫉妒等各种情绪反应时，问题很可能并不在于眼前的这个人，可能是眼前这个人代表了自己过去的某一个经验或感受。这些经验和感受尘封已久，突然又被触动时，尽管意识部分可能还停留在否认、抗争阶段，然而潜意识已经活跃地发出讯息了。

此刻，通过觉察，我们才有机会将潜意识里的感受、经验真实呈现，并学习去面对和处理。例如前面提及的妻子，她就是通过觉察，找到了"童年时，母亲常将她关在房间，并且说'你再不乖，我就不理你了'"这个症结。这种害怕被遗弃的感觉，让她长大成人之后，一直不敢得罪别人。在了解这种情绪产生的根源后，她开始勇敢地学习向他人陈述内心的感受。

另一位心理治疗师则是在觉察到自己的感受后，立刻向初诊的男士表示需要单独静心五分钟，再和他协谈。五分钟内，她从初诊男士联想到过去一位令她伤心的男士。不过，当她重新面对初诊男士时，她决定不再逃避，而是担任他的治疗师，同时也给自己一个调整和成长的机会。

◇　**情绪调整练习**

今天发生了什么让你感到愤怒 / 害怕 / 嫉妒的事？过去的你曾经经历了什么事，也激起了类似的情绪？

_____

_____

_____

_____

_____

依赖，
创造亲密而自由的关系

当我们爱上一个人时，会朝思暮想，见不到人就着急，听到对方的声音就感到兴奋，这时我们以为自己真心爱上了一个人，殊不知这只是一个假象。因为把我们的情绪和感觉寄托在别人身上是依赖，并不是真爱。真爱来自一种自由的关系，它让我们和相爱的人两心相属却互不牵绊。

当父母对我们嘘寒问暖已经超过我们的需要，甚至代为安排一切时，这其中也有着依赖。父母让子女依赖他们，来证明自己的重要性，其实父母也是在依赖和子女的关系。

依赖，是一种根深蒂固的关系，依赖型的父母创造依赖型的子女，依赖型的子女又创造依赖型的下一代。依赖情结就如此生生不息，因依赖而衍生的问题也源源不断。

事实上，人们喜欢亲密但不依赖，喜欢自由而非控制。所以，密不透风的依赖关系，往往也酝酿了脱离、对抗、分手的可能性。

改善依赖关系，最好的方法是学习做一个独立自主的人，为自己的决定负责，为自己的需要负责。不把个人的情绪寄托在别人身上，不把喜怒哀乐的主权交给别人。

从依赖到独立自主，这中间往往需要经过挣扎、矛盾、取舍等情绪历练。唯有让自己学会不害怕做决定、学会接受人难免会做错事、学会看重自己的见解等，独立自主的路途才可以逐渐展开。

依赖，让我们留在一个舒服的空间里，缺乏挑战和自觉，经不起大风大浪。一个有危机意识的人，善待自己的方法之一是——朝人格独立、情感独立和经济独立努力成长，让自己逐步减少对他人的依赖。

◇　**情绪调整练习**

一、你总是依赖父母 / 兄弟姐妹 / 朋友为你解决什么问题？当他们不在你身旁时，你会感到惶恐不安吗？

_____

_____

_____

二、给你机会练习，你也能解决这个问题，即便你过程中做错了，最坏的结果是什么？

_____

_____

_____

忽略，
渴望被关注的感觉

当你忙了一整天的家事，看到丈夫回到家，二话不说，只管坐在电视前，这时，一种被忽略的感觉油然而生。

同样的情形发生在当你工作了一整天，回到家，孩子们看电视的看电视，做功课的做功课，妻子则在厨房忙进忙出……你走进卧室脱下外套，一种被忽略的感觉也油然而生。

曾经有位先生在接受咨询时提及，小学六年级，他曾经将一篇受老师夸赞的作文放在客厅显眼的地方，并向家人提起，但是没有得到家人的注意。直到长大成人后，他说起这件被忽略的往事，脸上的表情仍有着失望和落寞。

…………

当我们是婴儿的时候，尿布湿了，肚子饿了，我们哇哇大哭，如果这时大人并没有及时给予关注，我们等候、等候，等到声嘶力竭，等候的时间越长，被忽略的挫折感越重。

成年之后，尽管我们可以独自处理许多事务，在会议桌上铿锵有声，在社交场合侃侃而谈，在私人聚会谈笑风生，然而在转身"面向自己"的时候，我们或多或少都会有无助、孤单、寂寞的感觉，我们渴望被重视、被关心、被呵护。

处理被忽略的感觉，要找对时间和地点，把感觉勇敢地告诉对方，说的时候绝不能用抱怨或暗示的方法，如"你都不关心我"或"你总是不知道我在想什么"。

最好改用"我有一种感觉，刚才进门时，我希望你能看我一眼，讲几句关心的话"或"我希望你了解此刻我的感觉"。

如果没有及时处理被忽略的感觉，导致积怨更深，我们的负面情绪一旦被激发，就难以收拾了。反之，如果能即刻处理，双方的关系将会好转，变得更和谐。

◇ **情绪调整练习**

一、你童年里有过被忽略的感受吗？你最在意谁看重你？

_____

_____

_____

二、长大成年后，你也会忽略旁人来引起被关注吗？

_____

_____

_____

恐惧，
一种不安全感

当别人误会我们的好意时，当努力的结果泡汤时，当有人来向我们挑衅时……类似这种受到刺激的状况，我们的怒气很快地就会冒出来了。事实上，愤怒的真实名字叫作恐惧。

愤怒为何和恐惧沾上边呢？

如果能够冷静思考一下，我们将会了解：愤怒的人是因为内心里有恐惧。而恐惧是来自个人内在的一种不安全感，也就是信心不足、定力不够，以至于别人的一句话、一个动作，不论是故意或不经意的，很快就能引起我们的自我防卫。

在这个时候，我们恐惧不被对方接纳，我们恐惧永远失去机会，我们恐惧自己真的不够好，我们越恐惧，愤怒就越容易代为出击。有的人用被动式表达，把怒气压在内里，把不快乐写在脸上；有的人用主动式表达，直接爆发脾气，或动手攻击。

愤怒造成更多的负面情绪，愤怒让我们更加不快乐。为了让恐惧表面化，不让它在愤怒的底层下作祟，我们必须去透视个人内在究竟在恐惧什么。比如，别人误会了我们的好意时，我们是恐惧失去个人的颜面，恐惧失去一位好友，还是恐惧自己能力不足？或是其他原因。

如果我们明了自己恐惧的原因在哪里，我们才有调整的方向。

我们要学会和恐惧在一起，接纳这恐惧，并且思考如何化解恐惧。当我们学会处理恐惧时，愤怒就不会肆无忌惮地左右我们的情绪表现了。

◇　**情绪调整练习**

一、你有发现对你发怒的人其实是他内心有恐惧吗？

_____

_____

_____

_____

_____

二、你找得到自己的恐惧来源吗？

_____

_____

_____

_____

_____

失望，
不能改变事实的遗憾

尽管我们常自我安慰："得之我幸，失之我命。"或是以超然的哲理勉励自己："不求不失。"这些以退为进的说法，确实能让自己在失望的情绪中得到调整，然而还有没有其他的方法？

所谓失望的情绪，可能来自一个概率极高、等候已久的工作机会，却接获"不被录取"的通知；可能来自相处已久的恋人，对方却告诉你"目前还没有结婚的打算"等。

失望的感觉，是一种不能改变事实的遗憾，对自己的能力、表现或运气不佳而感到泄气。当失望来袭时，整个人好像掉到了无底深渊，欲振乏力。

好在失望不是绝望，绝望是让自己根本没有起死回生的动力，失望至少让自己还有绝处逢生、化险为夷的机会。

首先，让我们接纳自己正在失望的情绪之中，问自己、写下来或告诉知心好友"我为什么失望"，一边表达，一边整理出失望情绪的起源。

其次，可以搜集别人面临失望状况的反应，以及他们渡过难关的过程。一边聆听，一边搜集信息，有时候我们会发现："原来自己不是唯一的失望者。"这种感觉会让自己好受一些。

　　接下来是要学习接受真相，失望的情绪往往来自"理想"和"现实"之间的差距太大，以致自己一时难以接受。所以，经历过失望之后，反而让我们有机会看清事实，也明白如何去调整"理想"和"现实"之间的心理落差了。

◇　**情绪调整练习**

一、你常因为什么事而感到失望？

_____

_____

_____

_____

二、在"现实"和"理想"之间，你会运用什么方式去调整中间的
　　距离？

_____

_____

_____

_____

憎恨，
宽恕是最好的解药

憎恨的情绪比生气、愤怒更深沉，它的起源是心灵受到的伤害。在我们的生命核心里有一个隐秘的部分，无论我们如何坚强，我们仍是渴望被爱、被需要的。然而，如果这一部分被剥夺，甚至被践踏到人格毫无自尊可言，那么那种咬牙切齿的恨意就可想而知了。

有一位少女，她从小学二年级懵懂无知时就受到继父的蹂躏，等到初解人事后，她开始恨继父、恨母亲、恨男老师、恨男同学、恨她所有接触到的男人，她认为男人都是人面兽心，于是她肆意报复。像这种情况，想要将这个破碎的心灵修补重整，对她而言，真是路途遥远。但也绝非不可能。

憎恨的情绪调整可能是所有情绪中最富挑战的一个。通过对自己心灵境界的调整，以宽恕——无条件的爱来转化，是最彻底的方法。当然，这一过程需要时间，需要循序渐进。

心理治疗师露易丝·海从小历经父母离婚、被邻居老醉汉强暴，少年时代一直受到凌辱和虐待。后来她独闯芝加哥，嫁给一位高尚绅士，有一天丈夫却要求离婚，因为他另有女人。离婚后的露易丝·海曾经罹患癌症……这样的人生够坎坷了吧！但这时的露易丝·海却重返大学研修心理学，从自助到助人，从自信走向宽恕。

美国有一对夫妇的女儿被强暴杀害了，在他们痛不欲生之际，通过自己的调整，他们决定到牢里探视凶手汤姆。当三个人拥抱悲泣时，所有的愤恨都被洗涤了。

爱恨一线之间，踩在原地，绝无宽容，自困一辈子。跨向宽恕，则海阔天空。事实上，通过宽恕解除恨意，也是为自己好。从露易丝·海的实例，我们看到了重建信心有助于踏上宽恕之路。

◇ **情绪调整练习**

一、你有绝对不能原谅、憎恨到底的人吗？当时发生了什么事？

_____

_____

_____

_____

二、宽恕对方需要时间、需要心理调整，你用对方法了吗？

_____

_____

_____

_____

小贴士

新旅程·新方向
写下你此刻的情绪垃圾

_____

_____

_____

_____

_____

_____

_____

_____

_____

_____

_____

_____

_____

第二章

现在的情绪来自过去的经历

所有行为模式和情绪反应，

其实皆可以映照到你自己的人生。

为什么放不下

当时，我正在中南部巡回演讲。有一天早晨，在台中火车站，由于火车晚点，所以我有从容的时间坐在月台的椅子上。

这时候，先后来了两位六十多岁的妇人，坐在我的旁边。在攀谈之后，我得知靠近我的这位是要前往新营。我们就姑且称她为"新营妈妈"吧！她的身体壮硕，皮肤黝黑，显然是操持农事的妇人。另一位身躯微胖，愁苦着一张圆脸。她说她要回嘉义的家。我们就姑且称她为"嘉义妈妈"吧！

在随意谈天的过程中，我注意到嘉义妈妈的右手一直抚着右边脸颊，我忍不住问了她原因。

"三叉神经痛啊！不痛还好，一痛就非常难受。"嘉义妈妈谈起她近年来受病痛折磨、四处寻医的苦衷。

我突然灵机一动，导入主题关心她："阿姨，孩子的事是不是应该让他们自己去处理呢？这样我们的生活就会轻松了。"

嘉义妈妈对我的说法感到惊讶，却不否认，同时开始谈起她那个"后生"（儿子）……果然是一位经常为子女操心的妈妈，越说，她的右手越是频繁地在脸颊上揉揉捏捏。

新营妈妈开口了。她说："生活放'土软'一点，我们最好'放得tuí tuí（闽南语，傻傻的意思），吃得肥肥'！"

她用台湾话如此说出来时，我觉得有意思极了。

"放得tuí tuí，吃得肥肥"不就是情绪管理的妙招之一吗？这句话的意思当然不是要我们一个个变成胖子，重点在于那种放松情绪的要领。如果这个放不了手，那个也要管，压力越积越多，负面情绪得不到纾解，身体的病痛就要跟着出现了。

这一天和嘉义妈妈及新营妈妈谈天的过程，让我领悟到：我们这一代人比起上一代的长辈们实在是幸运许多。我们不仅接受了更多的教育，在身心成长的领域也多了许多渠道，至少明白在照顾家人或认真工作之前，要先照顾自己的情绪和身体。

这也是为什么在探讨如何管理情绪的时候，我们需要深入根源去探索"情绪原点"。

每次在演讲现场，我都会邀请两位听众出场，然后让他们分别站开，再以激烈的语词、姿态，故意去激恼他们。这时候，可以看到，面对同一个动作和声调，不同的人有不同的反应。有的是屹立不动，不受影响；有的是脸色涨红，害羞退缩；也有的是动了怒气，向我逼近。

在这短短数分钟的演练中，现场观众领悟到，原来每个人都有"情绪原点"，而这个"情绪原点"是属于正面还是负面，多少都影响着人一生的际遇呢！

◇　**情绪调整练习**

一、你平日出现最多的是哪一种负面情绪？是愤怒、不安、失望、
　　嫉妒，还是焦急、退缩、担心、恐惧、忧郁？

_____

_____

_____

_____

_____

_____

二、你的这一负面情绪最早起源于过去的哪一段遭遇？

_____

_____

_____

_____

_____

_____

_____

_____

为什么想吵架

当我们开始学习问自己"我的'情绪原点'是什么"时，我们将有机会观照到自己的情绪状态。

当我询问大家的"情绪原点"时，多数人的回答是生气、不安、压抑、依赖、失望、嫉妒等。也有人回答不清楚或正面的"情绪原点"，像是自在、快乐、平静等。然而，这些毕竟属于少数，最多的就是生气。

记得有一回，我在一家公司演讲，讲完后有一位年轻的男性上班族跑来问问题。他说："我明明相当欣赏我的主管（男士），可是如果他叫我到他的办公室去，我就开始烦躁不安，想要和他吵架。为什么我会这样？"

当时，我问了他一句关键的话："你从小和父亲的关系如何？"

"哦!"

他一下子明白了主管、父亲和他个人情绪反应之间的可能的关联。也就是在他的"情绪原点"中，有一个可能是愤怒，这个部分来自从小面对权威型父亲所隐藏的情绪。

就在我们共同抽丝剥茧地寻找"情绪原点"时，他紧绷的脸颊开始放松了，他也明白原来有些情绪是"转嫁"而来的。如果他想要快乐地工作，和主管相处更愉快，那么和父亲的关系就需要重新调整。

探寻自己的"情绪原点"是很有趣的过程。

有一位音乐家正在犹豫要不要接受女友的爱。他的女朋友对他信誓旦旦，音乐家却退缩了。

当他们共同去接受心理医生辅导时，音乐家说道："只要女朋友一动情，我就感到浑身不自在。"

心理医生继续探索原因，才发现原来音乐家有一位患忧郁症的母亲。母亲长年在医院，使他从小得不到情感慰藉。

经过这样探索"情绪原点"，女友体谅了音乐家的退缩反应，音乐家也明白了女友的动情并不会伤害他。

这是我阅读时所看到的一则案例。你有没有发现，原来有些现在正在发生的情绪，竟然和过去的经历是相关的？

◇　**情绪调整练习**

一、以轻松、说笑和随机的方式，问问家人（尤其是母亲）——当年你在母胎中，家中的气氛、经济状况、母亲的情绪，还有父亲和母亲的相处状况等。

_____

_____

_____

_____

_____

_____

_____

_____

_____

二、在了解自己生命起源的同时，以心存感谢来对待赐给我们生命
　　的父母，并且问自己："如果我的成长过程有比较多的负面情
　　绪，那么该如何进行自我调整呢?"

_____

_____

_____

_____

_____

_____

_____

_____

为什么容易紧张

这么多年来，她一直搞不懂自己为什么这么容易紧张。明明她有能力做好的工作，可是主管一交代下来，她就开始心跳加速，晚上睡不着觉，甚至当主管一问起进度，她立刻说话结结巴巴。

有一天夜里，她正在为第二天必须上台演讲而翻来覆去睡不着觉。这时，一个久远的记忆突然回到脑海中。

那是小时候三四岁时的事了。当时，她随着父母住在板桥偏僻的日式宿舍，每次一听到防空演习的警报声响起，她就会死命地跑回家，然后把前门、后门通通锁起来。

家人看到她的举动，都夸赞她真是乖巧顾家，事实上，她是害怕得不得了。

她说："原来是这件事的影响，造成我胆小，容易紧张。还有另外一次难忘的事件更造成我缺乏自信。"

那是发生在她参加初中联考时的事情。由于她有近视眼，所以作答时头比较靠近桌面。第一堂考语文，一位监考男老师为了要核对准考证的照片和本人，突然之间，将她的下巴猛力托起来。正在专心写答案的她，一时被吓得心慌意乱，接下来的几个大题就不知道如何下笔了。

当她走出考场时，知道大势已去，忍不住大哭了起来。

就整个成长过程推想，她找到了自己小时候的"情绪原点"。她认为是最起始的紧张，造成了她的胆小，又由于自己胆小，使人生际遇不尽如人意，接着形成了自卑的心理。

如今，早已年过半百的她，在一路探索情绪脉络的过程中，有着无限感慨。她告诉我："现在我才逐渐弄清楚自己怎么变成今天这样一个人。我仍持续不断地听演讲、上成长课程，总是希望在找到症结后，尽快从工作和家人的关系上来放松自己。"

"如果人生能够倒带，在你三四岁那样紧张的时刻里，你会希望周遭的大人怎么处理?"我追问她。

她静默了一会儿，然后用坚定的口吻回答："我很希望父母在那样的时刻把我抱起来，轻拍我的背部，然后说:'爸爸妈妈在这里，不要怕!'"

多数人都有过紧张的经验，比如:即将来临的考试、和陌生人相亲、上台演说、参加竞赛等。通常紧张都出现在事前。如果这些紧张的情绪在短时间内就调整好，就没有什么大碍，有时候甚至是促成积极表现的动力。然而，如果造成生活作息失常，或是长期被负面情绪干扰，则不妨像上述那位女士一样进行自我探索，找出紧张的"情绪原点"。

◇ **情绪调整练习**

一、你是一个爱紧张的人吗?

_____

_____

_____

_____

二、在什么情况下,你最容易有紧张的反应?

_____

_____

_____

_____

三、有哪些减少紧张压力的方法?如何通过自我成长的学习,来降
低紧张的影响?

_____

_____

_____

_____

为什么急躁

"为什么我总觉得很疲倦，而且事情总是多得做不完?"一个上
"身心整合"课程的学员问了这个问题。

"请你起立走路，让我看看!"

当我这样说的时候，多数的学员都诧异地望着我。发问的学员
更是斜歪着头，不解地露出好奇的眼神。不过，她还是起身，当场
走路给大家看。

就在她起步走路后，已经有些学员忍不住笑了起来。这个"笑"
当然没有恶意，只是看到她的脑袋几乎比身体快半拍，多少已经猜
出个中玄机了。

走动中的她听到了同伴的笑声，自己也笑了起来，然后若有所
悟地说："我的个性太急躁了。"

是的，一个人如果被"大脑"支配着过日子，那不是压力很大
吗? 我所说的"大脑"，指的是只用脑筋来思考并做决定，而忽略了
身体还有其他的知觉感受。其实听觉、视觉、触觉、味觉、嗅觉，
也需要灵敏地参与一个人的生命活动。

我请这个学员坐下来，大家一起来进行自我觉察。

"我从小就是个性很急的人，情绪很焦躁……"她一开口，就

仿佛打开了的水龙头，滔滔不绝地说，加上嗓门儿很大，所以我立刻举起手，示意她暂停再开始说，而且请她学习用轻柔的语调慢慢地说。

我问她："你有没有发现动作快、讲话速度快、声调又高，可能正在干扰自己的情绪？"

"啊！对呀！我发现每次我一开口，好像别人都听不下去，搞得自己心里也不舒服。原来我自己是'起因'。"

接下来，在团体分组讨论"寻找自己的'情绪原点'"后，她终于更清楚：原来她在工作上和家庭中所产生的挫折感，都是自己找来的。

症结是她从小生长在一个父母都是完美主义者的家庭，父母喜欢拿子女做比较，而且从早上起床后就不断地催促，母亲个性更是急躁，经常大呼小叫地提醒这个，叮咛那个。她身为家中老二，上有姐姐，下有弟弟，为了得到大人的重视，她从小就"一个口令、一个动作"般听话。不知不觉中，她的情绪变得容易焦躁不安，她经常担心自己做得不够完善，担心不能如期完成任务。

"你有没有渴望自己的生活过得更自在快乐？"听完她的自我探索，我问了她这个核心问题。

她不假思索地点了头。

"来，让我们学习放慢生命的韵律！"

我邀请全体学员起立，大家闭目静心，同时开始打开感官的知觉，感受赤脚接触地板的感觉，感受自己此刻呼吸的速度，感受周遭的味道气息……总之，让生命不再只被"大脑"掌控，而是加入丰富的感官知觉。这时候，一个人的自我觉察力会更灵敏，自我调整的速度会更快，同时也能轻松地活在此时此刻里了。

◇ **情绪调整练习**

一、你是不是个情绪容易焦躁的人？

_____

_____

_____

二、你的情绪焦躁形成的可能因素是什么？

_____

_____

_____

三、如何做事才能讲求效率，却不干扰到自己的生命能量？

_____

_____

_____

为什么担心分离

她最近的情绪陷入了低潮，有一种使不上劲的感觉。

她问自己："是不是工作量太大了？"答案是："还好！"

"是不是和丈夫、孩子的关系太紧张了？"答案是："应该不是！"

那为什么会突然胃口尽失，夜里睡不着觉呢？

有一天夜里，她被自己抽泣的声音惊醒，才发现自己在梦中哭了。为什么哭呢？她从梦境去拼凑一些画面，也努力去寻找最近情绪低潮的原因。

诚华，是诚华！

一下子，她想起了梦中见到的同事诚华。诚华在她的梦里并没有开口说话，只是默默地向她挥挥手，但为什么她竟然感伤而落泪了呢？

诚华在办公室里和她最要好，两个人不但有默契，甚至有些工作可以互相支援。最近，诚华要结婚，而且是远嫁南部，这意味着她们必须分开。其他同事都是抱着为诚华祝福的心情，只有她，除了祝福，还有感伤。

仿佛这种分手、分别、分离，给了她很大的压力。明显地，她陷入了沮丧的情绪中。就在梦见诚华的夜里，她在床上辗转反侧之际，突然想起念中学时，有一回也是半夜失眠而痛苦难熬，那次是为了什么事呢？那次是因为班上好友玉玲搬家、转学，而让她心情不好，睡不着觉。

探索到这里，她对自己的情绪波动逐渐有拨云见日的感觉，她想进一步找出自己容易沮丧的情绪原点。

"你从小经历了哪些让你感到沮丧的分离？"

她来寻求咨询时，有了机会去探索童年的成长历程。

"一次是外婆过世，一次是……"说到这里，她陷入沉思，同时欲言又止。

"一次是……"我跟着她重复一遍。

这时，她抬起脸，眼睛望着我，眼眶里盈满泪水。

她接过我递给她的纸巾，然后哽咽着说："还有一次是爸爸妈妈离婚的那一天。现在我想起来了……

"那时候我只有五岁，看着爸爸正在搬衣物、纸箱。我好像在旁边哭闹。这时，妈妈突然从房间冲到客厅来，狠狠地甩了我一记耳光，并且说：'你再哭，我连你也不要！'爸爸看到妈妈耍疯，很气愤地找妈妈算账。我看到大人为我而吵架，根本不敢再哭。我很怕，我很怕人家不要我……

"这也是这么多年来，我不敢和同学、朋友深交的原因。我很怕大家分开的时候，我会很痛苦；这也是为什么我不敢和年纪相近的人谈恋爱的原因，我很怕被抛弃，怕被迫分手；这也是为什么我嫁给比我年纪大很多的丈夫……"

她显然对自己的成长模式有了清楚的认识，同时她也认识到——当沮丧来袭时，不必紧抱着童年"害怕被抛弃"的感觉不放，因为她已长大到有足够能力照顾自己，而且安排见面的机会，或打电话聊天都可以使友谊持续。

◇　**情绪调整练习**

一、你有时候会不会陷入失落、沮丧的情绪之中？

_____

_____

_____

二、反应是强，是弱？时间是长，是短？如果反应强烈，时间拉长，这是不是因为碰触到你内心过往的一个伤痛？

_____

_____

_____

三、如何让自己和家人学习适当地表达难过的感觉？（想哭就哭吧！）

_____

_____

_____

为什么易怒

有一个妻子对她的丈夫愤怒异常，因为她不满意丈夫没有好好照顾他的腿疾。两个人只要一见面，妻子就不断地训诫丈夫、批评丈夫。

丈夫本来还会反唇相讥，但是后来吵久了，他开始以"相应不理"来回应。这时候，做妻子的更加生气，她认为丈夫太不近人情了。

在这个妻子的感受里，她认为，凡是人都应该好好照顾自己的健康，尤其是一家之主的丈夫，更是需要赶快把腿疾治好，不要治治停停的。

然而，丈夫这一方却认为身体是他的，好坏自己明白，他不喜欢妻子催东催西，甚至责骂他。他感到很生气，所以干脆以"不吭气"来报复妻子。

像这对夫妻的相处关系，已经快到两败俱伤的阶段了。好在作为妻子的她开始自我探索。在寻找"容易生气"的"情绪原点"时，她发现，原来症结在于"当她只有十二岁时，父亲死于日渐恶化的疾病"，所以她目前对丈夫生气的背后原因，主要是害怕失去丈夫。

也就是童年阶段自认没有能力来照顾父亲，以至于失去了父亲的过程，让她在目前的婚姻里战战兢兢，她不想再失去生命中第二个重要的男人。但是这份"害怕"却转化为"生气"，影响了婚姻的质量。

我在阅读时看到这个例子，很为这个妻子庆幸。因为，当她看清楚自己的"情绪原点"后，她很勇敢地面对丈夫，并改变说话的模式，以"倾诉"代替"批判"。她把心中害怕的感受说了出来，让丈夫看到她的担忧和关怀。后来，丈夫果然听从了她的建议，愿意接受治疗。

生气，可以说是大多数人容易出现的负面情绪。每次在演讲会场请教大家"哪一种负面情绪出现最多"时，结果都是生气。

有一对姐妹一起到百货公司买平底锅。当妹妹选择了她所要的平底锅时，姐姐却建议她挑选另一个更好的品牌。请注意，姐姐在此时并没有批评她、指责她，只是温和地提供专业的看法，可是如此这般却也激怒了妹妹。为什么？

在寻找生气的"情绪原点"时，妹妹发现原来有两个主因。一是姐姐习惯教导别人，不论别人有没有需要，总是以专家姿态提供意见。这点使一向自认处处不如姐姐的妹妹非常反感，却没有勇气去谢绝姐姐的意见。二是当妹妹对姐姐有所抱怨的同时，事实上，她对父母也感到不满。她认为父母更宠爱姐姐，所以每当姐姐爱表现时，妹妹不但生姐姐的气，连带着也生父母的气。

好在妹妹努力地对自己的生气抽丝剥茧后，终于找到机会告诉姐姐："今后如果我有需要，会主动向你征询建议，那时再请你告诉我……"从而调整了姐妹之间的关系。

◇ **情绪调整练习**

一、在什么情况下，你最容易被激怒？

_____

_____

_____

_____

二、你和哪一个人相处时，最容易发脾气？原因何在？

_____

_____

_____

_____

三、在刚开始与他人相处时，我们会不会总是讨好、妥协、让步，
以致累积了往后不可收拾的暴怒？有没有改善相处模式的好
方法？

_____

_____

_____

_____

为什么热心过度

在社区里，她可以说是最热心的妈妈。

早上顺路载另外三个邻居的孩子上学；到了学校，她担任义工妈妈，协助学校整理图书馆的编目；中午回到家，刚吃饱饭就赶快联络附近的妈妈们，因为第二天有个家庭成长聚会。

刚打过十多通电话，她正想小寐一下，电话铃声却响了，原来是另一个社区的陈女士。她打电话来请教如何带领读书会，又询问了一些成长方面的信息。

等挂掉电话，她发现已经到了孩子快放学回家的时间，于是匆匆忙忙准备晚餐，一边洗洗弄弄，一边仍挂念着丁晓玲。

晓玲是她要好的高中同学。毕业后，晓玲没有继续升学，早早就结婚了，婚后夫妻感情并不好，最近正在闹离婚，要怎么帮助她呢？

就在边想边做时，儿子皓伟回到家了。才四年级的他，活蹦乱跳。正要制止他不要打开冰箱、灌冰开水，电话铃声又响了，这回是老公。老公只说了声："不要等我吃晚餐！"电话就挂了……

站在电话机前的她，突然忍不住对儿子大吼一声："你还不赶快给我去做功课，整天只会吃吃吃……"

儿子被她突如其来的怒吼所惊吓，一时站在原地，不知所措。

她急忙转身，因为她不能让孩子看到她眼眶中有泪水。关掉煤气，她走回卧室，把门反锁，终于忍不住扑倒在床上，像个无助的小女孩一般开始抽泣。

像她这样在团体中热心服务的人，为什么却有着深深的无力感？像她这样在家庭里尽心尽力地照顾家人，为什么却得不到好的回应？

…………

她的故事是不是让你觉得很熟悉？

她可能是我们的朋友，也可能就是我们自己。或许我们曾经有过这样一个阶段——我们成天帮助别人，却没有人照顾自己；我们在外面不停地给朋友提供解答，回到家中，才发现自己一样有问题。这种日子过久了，不知不觉中，人会变得无奈又无助。

在探索"情绪原点"的过程里，不妨让我们来觉察自己是否掉入"弥赛亚陷阱"里了？

所谓"弥赛亚陷阱"，是指有的人陷入了"弥赛亚"的角色。弥赛亚本来是指一位神圣使者，弥赛亚关心别人，为他人吃苦，为他人服务，最后却牺牲了自己。

有弥赛亚特质的人，以"拯救者"的角色与四周的人相处，把别人的事看得比自己的事还重要，也唯有为别人服务的时候才让他感到自己的生命有意义。而每当单独一人时，他又会恐慌自己是否不被需要了。

◇　**情绪调整练习**

一、你是否只注意和自己有类似苦楚的人，然后马不停蹄地为他们
　　服务？结果在助人之后，却有着深深的无力感？

_____

_____

_____

_____

二、你是否正在学习挣脱"弥赛亚陷阱"，在助人和自助之间取得
　　平衡？

_____

_____

_____

_____

三、接纳自己有热忱助人的特质，同时问自己，敢不敢适时地说
　　"不"？

_____

_____

_____

_____

为什么身体不好

她从小就总觉得自己身体不好，下课时间很少和同学打打闹闹，上体育课时也通常坐在树荫角落，因为母亲早已和老师打过招呼。

其实，她没什么大的毛病，只是一直提不起劲，如果有同学约着要出外郊游，母亲总是告诉她："你的身体不好，体力不行，最好留在家里。"

如果考试到了，读书读到深夜十一点多，母亲也会告诉她："你的身体不好，不要学太晚，赶快去睡觉吧！"

后来，她念大学后，开始结交异性朋友时，母亲一样不断地叮咛："你的身体不大好，一定要找个比较可靠的、会赚钱的人，将来才不用那么拼命，不用外出上班。"

…………

她是个顺从、听话的孩子，尤其看到母亲在婚姻生活里，被嗜赌又爱喝酒的父亲折磨，因此不忍心再增加母亲的负担。只要母亲说什么，她总是照单全收，因为她认为母亲是爱她的，母亲的话一定是对的。

直到她结婚后，夫妻相处也有了许多冲突。

起先她以隐忍为多，也不敢告诉母亲。孩子陆续出生后，她更是有力不从心的感觉，总是觉得有忙不完的家事，自己的身体简直快撑不住了。有一阵子，她甚至怀疑自己有心脏方面的毛病，否则，为何走一点路，擦个地板，就心跳加速，喘个不停？

这种现象有一回无意中被母亲看到，母亲告诉她："你的身体不好，还这样拼命，自己找死啊！"

已经参加孩子学校妈妈成长班的她，听到母亲这句话，突然有所警觉，不仅立刻去做了心脏检查（事实证明她很健康），她还开始探索母亲和她之间的关系。

在参加"身心整合"课程时，她问我："从小我就很感谢母亲一手把我抚养长大，我是她的独生女儿，母亲已经竭尽所能把她的爱给我。照理说，我是很幸福的人，可是为什么我不快乐，还常觉得身体虚弱？"

"请问，从小你的'担忧'信息是从哪里来的？"

她思索了一下，慢慢地说："母亲。"

"母亲的担忧又从哪里来的呢？"

就在她寻找自己总是觉得身体虚弱、心情不开朗的"情绪原点"时，她终于明白，当年母亲流产两次，第三次终于保住时的担忧情绪，对她有所影响。加上母亲从小就向她灌输"你身体不好，你不可以……"这类的负面信息，也造成她对自己的身体状态没有信心。

"我知道你的母亲是爱你的，可是你要让自己继续活在母亲的担忧里吗？"

她立刻摇摇头，并且明白想要身心健康快乐地成长，和母亲粘连已久的脐带关系必须要切断了。甚至在必要的时刻，要勇敢地告诉母亲："妈妈，谢谢你的关心，我已经长大了，我会好好照顾自己。"

◇ **情绪调整练习**

一、你平日所想、所说的内容，是负面信息居多，还是正面信息居多？这些信息会不会影响你的情绪和健康？

_____

_____

_____

_____

二、如果说坚定的信念可以增强自身的免疫力，那么在情绪管理的路上，你想要怎么做？

_____

_____

_____

_____

为什么保持距离

他很羡慕有些朋友和母亲的关系很好。像他，不知道怎么搞的，总是对母亲大呼小叫。四十多岁，又已经是两个初中生孩子的爸爸，他一直告诉自己要做孩子的好榜样，却常控制不了自己，只要母亲靠到他的身体附近，他就莫名烦躁，然后借着怒气离开现场。

他的妻子有时候忍不住说他："难道你就不能对自己的妈妈好一点吗？"

他不是不想对母亲好，老实说，母亲是一个老老实实的乡下农妇，识字不多，刻苦耐劳地持家，但可能家中子女多，还要做家事、农事，因此和儿女不亲近。过去，他外出求学，成家立业，和母亲相处的机会有限；如今，父亲过世后，母亲搬来和他住，他的情绪开始有了明显的变化。

每次他发泄了情绪后，看到母亲神情落寞地低头离开，他就非常后悔。他不清楚究竟自己和母亲有什么心结，也不清楚他愤怒的"情绪原点"究竟是什么。

在"身心整合"的课程里，他有心改善和母亲的关系。于是，他站了出来，而一位女性学员则模拟他的母亲。一开始，他要求"母亲"站在离他至少二十步远的地方，他说这样让他感觉到比较自在。

在"母亲"不动的前提下，他逐步往前移动了。

他往前走了一步，看着"母亲"说："我不想和你太靠近，因为我从小就觉得你好像不喜欢我。"

再往前走几步，他看着"母亲"说："小时候，我看你总是很忙。你也常说：'大人做事，小孩子不要来烦。'所以，我很失望，也很生气。"

再往前走几步，他看着"母亲"说："妈，靠近你，我会有压力。我想接近你，可是又怕被你责骂。"

再往前走几步，他看着"母亲"说："妈，我现在更靠近你了，你什么时候变得又老又矮了？你知道吗？有时候我多么气自己，因为我没有能力让你过更富足的生活。我和你保持距离，是为了让自己好过一点。"

再往前走几步，他和"母亲"近在咫尺了，他眼眶带着泪水，声音哽咽地说："妈，其实我很害怕失去你，我多么希望你每天都能健康快乐地活着。"

在要往前的下一步，他在原地僵立了好长一段时间，因为再向前走，他势必要碰触到"母亲"的身体了。对他而言，这是多么艰难，也是多么重要的一步啊！

这时候，早已热泪盈眶的"母亲"突然伸出双臂，一下子，"儿子"毫不犹豫地抱住"母亲"痛哭流涕。

事后，在探索"情绪原点"时，他发现可能是"害怕失去"，使他一直和母亲保持距离。因为在他的想法中，如果没有拥有，也无所谓失去不失去了。然而，童年这个单纯的想法，却让他在和母亲的相处中，产生了对立和矛盾。其实，他的内心非常渴望与母亲接近，渴望得到母亲的关爱。

◇ **情绪调整练习**

一、当你和父亲、母亲私下相处时，双方的空间距离有多大？心灵距离有多大？你愿意去缩短距离吗？

_____

_____

_____

二、你也有过害怕失去的担心吗？这份执着可能造成哪些负面的情绪？

_____

_____

_____

三、在人与人的相处中，如何让自己不害怕失去而保持心灵自由呢？

_____

_____

_____

为什么是工作狂

　　他，是一个不折不扣的工作狂，一早出门到办公室就完全陷入与属下开业务会议、与客户会面及商讨合作方案、处理全省各分驻站的业务报告的生活中。

　　一天喝上六七杯咖啡已经不足为奇，中餐到底有没有吃，他有时候也搞不清楚。等到晚上应酬到一两点，回到家，躺在床上，妻子的抱怨还没说完，他早已翻个身睡着了。

　　最近，在妻子的严重抗议下，他好不容易安排了一次休假。他带着全家大小一起到新西兰度假。可是一回到台北，他又迫不及待地赶回工作岗位上。

　　他的妻子没办法理解他，这份工作究竟有什么吸引力，竟然让他没日没夜地拼命？

　　他自己则没办法理解，为何在度假期间，自己浑身不自在，总觉得好像做错了什么事？

　　当他坐到我面前时，我见到的是一个身心俱疲、婚姻亮起红灯的中年男士。他面容憔悴，但是态度诚恳，闭目静思了一下，然后他直接切入重点地问："我总是不停地工作。我究竟是在逃避，还是想弥补什么？"

"如果是逃避，你认为可能的原因是……"我问他。

"可能是……"他斜支着头，想了一下，然后说，"逃避妻子和孩子，他们真的都很好，好到我觉得自己不配得到这么幸福的生活。"

"如果是弥补，你认为可能的原因是……"

这一次，他回答的速度快多了。他说："可能是想多赚钱，我希望多照顾家乡的母亲和大哥。"

"那么，这是一种矛盾的心情了，一方面怕自己过得太好，一方面又担心对家乡的亲人照顾不周到，所以就拼命地工作。请问，这里面的情绪是不是和一种内疚感有关？"

他突然抬起头，讶异地望着我，然后眼眶湿润了。

"让我们闭上眼睛，把右手放在胸前，然后来感受这份内疚感所让你联想到的画面。"

他果然照做，数分钟后，他已略为平静并找到了自己拼命工作的症结所在。他说："刚才在我心中浮现的画面，是小时候的我，大约十岁，父亲因为长期做劳力工作而病倒了，母亲为了养活全家，也外出接手父亲的工作，担石子，挑砖块。我那么小，什么忙都帮不上，后来还是大哥辍学，跟着母亲一起工作来栽培我……现在，我吃好的，住好的。父亲去世后，我曾邀母亲来台北住，但是她不肯，她只想和大哥一家人住。"

"你觉得对母亲和大哥有内疚感？"

"嗯！"他若有所悟。

"有没有想要放下这个担子？"

他点点头。

成长的路上就是这样，每多探索一步，就有机会找到下一步调整的方向。

◇ **情绪调整练习**

一、内疚感的"情绪原点"是否曾经让你一直想弥补什么？

_____

_____

_____

_____

二、如何释放内疚感，接受"自己已经尽力了"的事实，同时让身心放轻松？

_____

_____

_____

_____

为什么与儿女对立

当时，她因为和女儿的关系紧张而跑来找我。

她说："我的女儿怎么这么不听话，叫她走东，她偏要走西，还每天吵着要搬出去住，我实在快受不了。可是，有时候我半夜跑到她的床边，看着睡梦中的女儿，又觉得好心疼，到底我和宝贝女儿之间出了什么问题？"

在探索她们母女紧张关系的症结，也就是在探索她个人容易对女儿发脾气的"情绪原点"时，她一步步地找出那个脉络了。

她发现，她总是在女儿刚开口要说话时就大声制止，那是因为她不喜欢女儿说话时的口气和神情。

而女儿这样的动作和谁相似呢？

是婆婆，一想到婆婆，她心里就很不舒服。

当年她刚嫁进来时，由于嫁妆不是很丰厚，她又拙于表达，因此，婆婆经常以尖酸刻薄的语言来刺激她。她年轻又不懂得应对，只有隐忍而过。有时候，丈夫看她眼眶发红，就跑去询问母亲，一问之下不得了，此后的一个礼拜更是难过。

家里有个这样的婆婆也就认了，怎么长大后的女儿越来越像婆婆呢？

她继续探索婆婆、女儿和她的关系。

她想起来了。

记得女儿刚出生的那几天，有一次，她正在医院喂女儿吃奶，婆婆和几位亲友一起到医院探视。当婆婆靠近她的床边时，她一下子就紧张了起来，下一刻又听到婆婆絮絮叨叨地说了些很不中听的话，就在这时候，怀中的女儿突然哭了起来，她低下头看女儿，看见一张皱着眼睛鼻子哇哇大哭的脸……

"怎么这么像？"

女儿的脸和婆婆的脸一刹那有了联结。后来她外出上班，女儿势必要拜托婆婆照顾，于是她就看见一个和婆婆越来越像的女儿，包括走路的模样、说话的神情。更令她受不了的是，女儿讲话也学会了尖酸刻薄。

她不是没有挣扎过。她多么希望把孩子留在身边自己照顾，可是这样几乎每天二十四小时要和婆婆"短兵相接"，怎么受得了？如果找外人照顾，婆婆又哭闹着说是"看不起她"。在两难之下，和丈夫商讨的结果，还是把女儿交给婆婆，这也就是这么多年来所衍生的另一个问题——女儿成了出气筒。

她总是想办法先发制人地"压住"女儿。女儿小的时候不明就里，跟着乱发脾气。上了初中后就不一样了，女儿学会了"以暴制暴"，总是和她你来我往唇枪舌剑一番。

找到了这个"情绪原点"，她觉察到这种愤怒的转移对女儿实在不公平。潜意识里总是以对抗婆婆的心态来和女儿相处，只会让彼此关系更恶化。"毕竟女儿不是婆婆呀！"领悟后的她，下定决心好好成长，继续改善母女关系。

◇ **情绪调整练习**

一、碰到意见相左的长辈，你能否学习以就事论事的方式表达意见，以免情绪受到压抑？

_____

_____

_____

二、实在难以沟通时，是否另外有成长伙伴支持、关心你？

_____

_____

_____

三、请你觉察自己是否有迁怒的现象？又打算如何转化中间的紧张关系？

_____

_____

_____

为什么讨好别人

"吴老师,为什么我的心头常常闷闷的?"

在一次谈情绪管理的演讲会上,一位年轻小姐举起手来,腼腆地问。

当时,我邀请她出来,我们一起站在听众前探讨。我问她:"是谁让你觉得心头闷闷的呢?"

她想了一下才回答:"男的朋友。"

"男的朋友?不是男朋友?"

"嗯!我们常常在一起,可是他说他不想固定。"

"你的意思是,你喜欢他,可是他没有给你任何承诺?"

年轻小姐清秀的脸庞有着无奈的神色。她点点头。

"好!这样我了解了。我们继续关心你为何心情不好。请问,当你和这位男性朋友在一起时,在什么状况下,你的情绪容易受到影响?"

我鼓励她一步一步地往内在去探索"情绪原点"。

这一回,她答得很快。她说:"当他说我笨的时候。其实都是他的口头禅。他也没恶意,只是……"

"你的反应呢?有没有告诉他你的感觉?"

"心里有不舒服的感觉,不过我没有告诉他。其实,过了就算了，他也不是……"

"等一下！"这时候，我希望她注意到自己情绪管理上的一个模式——为了"讨好"别人而压抑了自己。

我继续问她："你有没有发现自己习惯性地去为他辩解，为他找理由？然而，这样怕得罪对方的表现，会不会反而得罪了自己？因为我们也是独立的个体，我们希望在人际相处上得到合理的尊敬。如今，我们为了渴望和对方在一起，却掩盖了某些真心的感觉，双方也失去了共同成长的机会。你希望学习勇敢地向对方表达自己的感受吗？"

她很快地点了头。接着我们就以角色扮演的方式，模拟了开放沟通的表达情绪，既不批判对方，也不压抑自己。

我同时提醒她："如果你这样表达，对方能诚恳接受，表示他是一个可长久相处的友伴；如果你说了，他却发更大的脾气，继续用语言侮辱你，那么你就该重新评估这段感情了。"

在她准备走回座位前，我又问了她一句："现在你感觉如何？"

她带着笑容说："舒服多了。"

这时候，现场的听众朋友立刻给她热烈的掌声。

谈到"讨好"这种情绪表达，它的更深一层症结是"讨爱"现象。也就是说，我们大都从小渴望父母丰富的爱和看重，可是父母若忙碌，或还有其他兄弟姐妹需要照顾，我们就会若有所失，于是有了"讨爱"的举动。

对抗型的人会以愤怒、发脾气的方式来"讨爱"；逃避型的人则以漠视的方式来假装自己不需要；讨好型的人以处处迁就别人、压抑自己的声音和需要来"讨爱"。

◇ **情绪调整练习**

一、你是否有"讨爱"的倾向？

_____

_____

_____

二、你是对抗型、逃避型还是讨好型的"讨爱"现象？

_____

_____

_____

三、如何在爱的成长路上学习内求，而不是外求，也就是每天可以用什么切实的行动，多爱自己一点，来建立信心，同时更尊重自己的情绪表达？

_____

_____

_____

为什么气馁

"书都没有念好，还买什么计算机?"

当他看到念专科的儿子一副满不在乎的模样索求东西时，心里就火大，再看到儿子那种爱理不理的表情，更是忍不住了。

"你给我站好! 我在你这种年纪，哪像你这样要什么有什么，有饭吃已经不错了。站好! 你给我站好听……"

这时候，只见个头已经很高的儿子，睁大了眼睛，满脸怒气，拳头也握紧了，只是还没有发作出来。

"你不要这样发脾气嘛! 儿子是因为学校有计算机课，他可能觉得有需要……"

从卧室跑出来的妻子正想打圆场，马上被老公打断话语:"就是你这样宠孩子，也不看看自己一个月的收入才多少……"

…………

类似这样的争吵，每天不停地在家里发生。

他来见我的时候，脸上并没有怒气，却是一脸的疲惫和沮丧。

他在一家公司担任中级主管，经济状况算是中等，勉强凑些钱买台家用计算机应该没问题。然而，他为什么这么生气呢?

"看到儿子那副样子，我非常生气。"提起儿子，他又表现出不悦的面容，声调也提高了许多。

"除了生气，还有什么其他感觉？"

他想了一下，说出气馁两个字，然后整个身子瘫软在沙发里。

"为什么你有气馁的感觉？"

"看见他不成材的样子，就好像看不到希望。我这样拼命工作，还不是想好好地栽培他，可是……"

"这种气馁的感觉是不是也曾经发生在你对自己的感觉中？"

"嗯。"他可能没想到问题转向他自己了，有点惊讶，有点好奇。他重复了同样的问句，"我对自己感到气馁？"

接下来，在自我探索的过程中，他谈到了自己的成长故事。家中兄弟共四人，他排行老三，上不上，下不下。父亲对他冷淡而且疏远，甚至曾经在家人面前说他最不成材，因为他不像其他的兄弟。其他兄弟有的自行创业当老板，有的在大公司当总经理。只有他，一直在一家小型公司担任采购主任，升迁也是遥遥无期……

"我想起来了，就在儿子要求买计算机的前一天，父亲打电话来说，他要继续住在老四那里。他说：'我看你的情况也不是很好！'这句话让我觉得很气馁。我一直很努力，他为什么总是不肯定我？接着，当我看到儿子那副德行，我很害怕他跟我一样无能，于是一着急就破口大骂了。"

"所以说，在生气的背后，其实有着从小'害怕自己无能'的'情绪原点'。"

他点了点头之后，我再度问他："请告诉我，你最满意自己哪些个性特质，并举例说明。"

我们要进入找回自己的信心、停止自责和责人的情绪表达模式了。

◇ **情绪调整练习**

一、对于一个盛怒中的人，你是否尝试看到他内心脆弱、无助或害怕的一面，而不至于一起陷入互相指责、互相伤害的情绪陷阱，并且找到让双方冷静下来的调整方式？

_____

_____

_____

_____

二、你能否在出口出手之前，学习暂离现场，并且问自己"有没有更好的处理方式"？

_____

_____

_____

_____

为什么怕黑

"我怎么找不到我的'情绪原点'?"

有时候,在"身心整合"的课程中,有些学员会着急——仿佛看不清楚自己曾经受到什么"情绪原点"的影响。

在这里有几个重点和大家分享:

一、找出"情绪原点"只是情绪管理的步骤之一

如果发现自己目前容易紧张担忧的原因是从小缺乏安全感,那么为了做一个情商高手,不妨试着宽恕从小给我们压力的人,同时开始建立自信。如果找到自己的"情绪原点"多数为正向的、积极的,比如乐观、开朗、心平气和……那么真的要恭喜你,因为在情绪管理的领域里,你早已具备一些好的能力了。

二、如果找不到自己的"情绪原点"

有可能是因为在成长的过程中你就这样懵懵懂懂地长大了,也可以说,小时候的经历对你而言没有什么严重的影响。所以,为何不放眼未来,问自己接下来如何每天开心快乐地过日子呢?

三、有些人小时候有负面的"情绪原点"

尽管有些人小时候有负面的"情绪原点",但是后来因为在人生旅途中碰到的困难挫折实在太多了,于是生命有了"反扑"的能力,逐渐练就一身咬紧牙根、勇于挑战的精神,也就是后天培养出来的正面情绪(勇敢、冒险、坚定、有担当等)。这些人早已克服了那些退缩、埋怨、自责、担心等负面情绪,甚至可以说把它们挤出记忆库了。

以下是两位学员跳出"负面情绪原点",重新做好情绪管理的实例。

有一个非常害怕黑暗的女士,每次碰到先生出差,留她一个人守着一间空屋,她就寝食难安。她努力探索究竟为什么长这么大了还如此害怕黑暗,后来,终于找到一个可能的"情绪原点"。

在记忆里,小时候每当她吵闹不乖时,总是会听到妈妈对她说:"你再不乖,我就把你关到门外去。"而她确实有好几次被推到门外,那种乌漆墨黑,加上风吹树叶沙沙作响的声音,都在她幼小的心灵里留下了痛苦的经验。

她真正改善这种状况是在孩子陆续出生后。她不希望孩子感染她害怕黑暗的情绪,因而下定决心改变。

"你看,没什么好害怕的。你看,没事呀!"当先生出差不在家,孩子希望妈妈作陪到院子拿东西时,她已经学会自我壮胆,然后担任前哨,勇往直前。

另外一个女孩，在找出"情绪原点"时，发现了一个非常有趣，也令她自我警觉的反应模式。

有一天，她的好友向她告丈夫的状。后来她到好友家时，一看到好友的丈夫，怒气立刻爆发，吵到大家不欢而散。

她静下心来反省，才恍然大悟自己从小对"告状"这种行为感到不满。最早是她小时候，妈妈常说祖母的不是，可是祖母没有那么坏，妈妈想要说又不能不让她说，于是当时还是小女孩的她，就这样把那些不满吞进自己的肚子里。

等到哥哥结婚，妈妈又来说嫂嫂的不是。她也不觉得嫂嫂有那么不好，但是……唉！算了，不满就自己吞下肚吧！

直到好友来告状，当她碰到好友的丈夫时，突然之间不满的情绪一股脑儿就爆发出来了。

她发现了"情绪原点"的真相，决定跳出那个旋涡。她采取的方式是：当别人来倒"情绪垃圾"时，她不再照单全收，而是适时适量聆听后，请对方自行解决。这样才能做到既关怀对方，又不至于压抑自己。

◇　**情绪调整练习**

一、你是否曾经不知不觉中掉入类似的情绪反弹模式呢？这种模式
　　是如何形成的？

二、你有什么方法跳出这种负面模式呢？

三、你能不能从周遭的家人、朋友中找到一位情商高手，观察他待
　　人处世的好方法？并且问自己："我最想从对方身上学到哪些具
　　体管理情绪的方法？"

小贴士

新旅程·新方向
写下你此刻的情绪垃圾

_____

_____

_____

_____

_____

_____

_____

_____

_____

_____

_____

_____

第三章

怎么处理情绪，将影响你一生的际遇

随时将情绪倒空，

并且学会清理"情绪债务"，

才能让自己如鱼得水。

日常相处篇

培养情绪灵敏力

他们讲话口无遮拦，或是行事莽撞，或是不尊重他人而自作主张，有时得罪了我们却毫无所知。像这样欠缺情绪灵敏力的人，我们最常听到他们说如下的话语：

"啊，我真没想到……"

"我不是故意的，没想到会踩到你的底线。"

"原来你已经不和他往来了。"

…………

类似这种"后知后觉""千金难买早知道"的人充斥在我们的生活周遭，他们有的是我们亲近的家人、多年的好友，有的是友好的同事、熟稔的客户。

一、别人反映我们的内在

情绪灵敏力是可以通过后天的引导来学习的，让我们在职场上带动有方，和家人关系更加和谐，和爱人相知相惜。

有一位妈妈一直苦恼就读六年级的儿子不听话，无论和他说什么，他总是以情绪暴躁来回应。她的儿子就在演说会场里，散会后，我找到她儿子私下聊了一下，当时，他说了一句话让我恍然大悟。

他说:"我妈妈每天讲话都很大声,常常变脸,让我觉得很不好受。"

原来是妈妈先"变脸",儿子才"翻脸"。

接下来,我和妈妈单独聊了一下,并且把儿子害怕她"变脸"的事实分析给她听。妈妈才逐渐明白——儿子之所以会情绪暴躁,其实是先受到妈妈情绪暴躁的映照,接着做出了类似的情绪反应。

幸好聪明的妈妈终于弄懂了他们亲子关系的症结,她追问我:"吴老师,那如果我心平气和地讲,他也就会心平气和地讲?"

"当然,因为别人(的情绪)反映我们的内在(情绪)。"

二、部属为什么皱眉头

有一位男性主管在我做完"乐在工作——谈个人情商和团队情商"演讲后,愁眉不展地来向我请教。

他认定有一位新进员工处处和他作对。

他说:"昨天,我交办新的任务给他,他眉头深锁。我问他有问题吗,他又摇摇头。但回到座位后,他竟然把我交给他的资料夹摔在桌上。"

男性主管是一位积极负责的主管,不料却碰上一个消极对抗的部属。

"你觉得自己有足够的情绪灵敏力吗?"我看他已陷入情绪纠结,急需破茧而出。

"什么是情绪灵敏力?"男性主管抬起头,认真地看着我。

"就是人际互动时,懂得察言观色,并且快速地做出调整。"我尝试解释给他听，同时问他一个新的问题，"你和他讲话时，自己的情绪和表情怎么样？"

"哦！"男性主管似有所悟，接着又说，"近日工作压力大，加上我对这位新进员工不是很有信心，可能心里没有足够的信任，讲话的语气，嗯……我好像也说了些不确定性的话，例如'你在下周三之前真的可以完成吗？'我脸上的表情也不怎么好。"

真相大白了。

幸好这位男性主管很诚恳，也很用心地学习。当我让他明白了情绪灵敏力的重要性后，他也听明白我说"别人反映我们的内在"这句话的意义了。他决定先调整自己身为主管的心态，给部属可以自由表达情绪的空间，同时给办公室一个可以共同提升团队情商的机会。

三、什么是情绪灵敏力

根据托马斯和切斯的NYLS（纽约纵向研究）婴儿气质研究，他们罗列了孩子的六种天生气质，其中包括活动力、适应力、持续度、专心度、规律性和敏感性。

敏感性指的就是一个人从小到大，对周遭人、事、物的反应是快还是慢，是高还是低。在情绪管理的领域里面，我认为这就是情绪灵敏力。

情绪灵敏力高的人，进到一群人里面，不论是家族聚会、社交场所，还是单纯的朋友餐会，他们可以马上感受到谁有话语主导权、谁并不认同他、谁急于离去、谁渴望被注意、谁的情绪低落等。

情绪灵敏力高的夫妻，在见面的瞬间，会立刻关心地问道："你好像有心事，来，说给我听。"

或："你看起来又累又饿，来，这里有热汤热饭。"

或："我的回答让你有压力，说说你的想法吧！"

…………

不像有些反应迟钝的夫妻，总要另一半气到跺脚，或已经生了一个半月的闷气才说："你怎么搞的？最近看到你都是臭着一张脸?"

情绪灵敏力高的小孩，听到爸爸摩托车在巷口冲撞式的声响，就已经知道大事不妙，能闪则闪；看到妈妈刚进门，把皮包扔向茶几的动作，就知道计算机该关了，赶快做功课去吧！

可以说，情绪灵敏力高的人，除了得天独厚的先天气质，其实还和成长背景有关。

若父母保护过度，承担太多，他很少需要应付周遭的人际关系，那么情绪一向封闭的他，便会无知无感到长大成人。进到学校，入了社会，还持续这样的身心态度，往往就被称为"缺心眼""霸道"或"无感之人"。

若父母擅长沟通，成为教导孩子情绪管理的第一位老师，并通过对话、讨论家庭中发生的各种事情，让孩子从小懂得察言观色，懂得表达自己的情绪，也懂得尊重别人的感受和需求，那么随着年龄的成长、社会历练的增加，孩子将成为一个情绪灵敏力高的人。接着，不论是在家庭、学校、办公室、社交场合，还是在网络人际关系里，都会被大家认为是有分寸、善解人意又可以沟通相处的人。

总而言之，情绪灵敏力高的人往往会带着开放的心态，乐意与人交流，说该说的话，做该做的事，很少给周遭的人带来压力。

四、情绪灵敏力对情绪管理的重要性

情绪灵敏力高的人，不只善待别人，对自己的情绪变化、高低、来去都能掌控自如。

但是并非人人一开始就能做到情绪管理，还要经过后天的学习，一步一步将内在的情绪困扰，在情绪灵敏力的带领下，进行抽丝剥茧，再逐步厘清，进而改善情绪。

情绪灵敏力高的人，在抽丝剥茧的过程中，懂得请教友人、接受专业辅导、阅读相关书籍，或参加身心工作坊，让负面情绪现形。他们会感谢负面情绪，同时，学习脱离负面情绪，好好完成一趟情绪管理的成长之旅。

情绪管理，是自我调适的学习和成长。情绪灵敏力较低，则自我情绪管理的觉察速度慢。相对地，困在负面情绪内的时间比较久，那可是很折磨、很不好受的过程；因为，生而为人，我们都值得过幸福快乐的日子。

所以，提高情绪灵敏力的学习，多一点对情绪脉络的理解和探索，自如地驾驭人际关系，可以增强我们的情绪管理能力，同时带动周遭愉悦的家庭气氛，引领充满动力的团队工作，迎来令人满意的身心平衡的人生。

五、你有足够的情绪灵敏力吗

各位读者可借由如下10题测验，进一步了解自己平日人际互动中的情绪灵敏力够不够。

1. 对话中的人突然中止回应，你会立刻检视刚才的话语是否不得当吗？	是□ 否□
2. 伙伴相聚时，若突然气氛凝重，你懂得适时打圆场吗？	是□ 否□
3. 当你的玩笑之词让对方难堪时，你会立刻道歉吗？	是□ 否□
4. 情绪偶尔低落，你会思索是什么原因，并立刻改善吗？（例如：调整睡眠习惯、加强运动、吃对食物、找人辅导等。）	是□ 否□
5. 面对不欣赏的人，你还能保持君子风度、以礼相待吗？	是□ 否□
6. 别人误会你时，你会勇敢表达自己的感受吗？	是□ 否□
7. 同事来打小报告，你会建议对方不要再提吗？	是□ 否□
8. 家人对你摆脸色，你尊重对方有自我调适的机会吗？	是□ 否□
9. 客户对你予取予求，但你明白公司的底线，会让对方适可而止吗？	是□ 否□
10. 一看到对方的脸部表情、行为举止，你就能觉察出这个人是"值得深交"，还是"话不投机半句多"的人吗？	是□ 否□

10题均答"是"者，是情绪灵敏力高的人，优点是察言观色的能力强、情感丰富，你往往是小团体中的智多星和辅导者。缺点是请教的人多，往往让自己应接不暇，误了正事。

有7-9题答"是"者，你的情绪灵敏力不错，但有时候难免猜测错误，或是自作多情，或者反应过度，反而有人际关系紧张的风险。建议你少安毋躁，等确认后再提醒友人，或请友人自己做主。

有4-6题答"是"者，你的情绪灵敏力普通，建议你多阅读情商相关书籍、参加身心成长工作坊、多聆听旁人的心声、增强同理心的学习等。

有1-3题答"是"者，你显然常听到有人对你说："你不懂我的心。""你怎么可以如此对待我。"这些话语让你听得一愣一愣的，并且懊恼地问自己："我真的做错什么了吗？"记住！绝对不要放弃成长哦！因为只要你把周遭每个人当作人生导师，眼睛多停留一下，耳朵再拉长一下，嘴巴再闭紧一点，如此这般地多看多听，你的感受机制会启动，你的情绪觉察能力会被开发，接着你会开始听到自己说："我能为你做什么吗？""如果我让你不好受，我郑重道歉。"

情绪灵敏力低的人当然不好受，往往受到批评指责才发现自己说错话、表错情和做错判断。

我常建议情绪灵敏力低的人多看电影、多阅读小说，或看影片。由于作家、导演、演员的描述诠释能力很强，多角镜头的拍摄过程可以让我们看懂每个演员的情绪起伏、眉眼之间流动的感觉，还有故事发展的起承转合……

每次阅读和看影片的结果，会让我们对人的喜怒哀乐多一层了解，对人性的贪嗔痴多一分明白，自然可以提升情绪灵敏力，做好人情世故的应对。

六、情绪灵敏力高的人如何调整自己

情绪灵敏力高的人虽说较能主动反映个人的情绪，提早协调和别人的人际关系，但是，缺点有三：

（一）必须忍受旁人不懂你的良苦用心，甚至被怪罪好管闲事

比如，看到网络成瘾的儿女，明知如此耗费青春，必将被社会淘汰，但是，情绪灵敏力高的父母，在劝说无用时（尤其碰到情绪灵敏力低且完全无动于衷的儿女），更是会挫折感连连，不知如何是好。

（二）由于情绪灵敏力高，有时反应太快，得罪人而不自知

例如，同事中午外出吃饭，大家嘻嘻哈哈地坐在一起，不亦乐乎。不料，A同事取笑B同事吃相难看，明明B同事已经面露尴尬难堪，想逃离现场，A同事（可能是情绪灵敏力低的人）还是一直说个不停。

仗义助人的你立刻说："嘿！不要这样说他了啦！"

这时，A同事反过来说你："咦？你是他的什么人？"

幸好有其他同事帮你解围，大家说说笑笑就过了。

事后，你私下问B同事的感觉，他说："我已经习惯了，大家都是同事嘛。"听了B同事如此说，你觉得自己自讨没趣。

（三）因为情绪灵敏力高，有时需默默忍受情绪波动

"看得到、看得多，也看得清楚"一些周遭人的关系，难免会变成心理负担，例如：情绪灵敏力高的女儿，看出爸爸有外遇，这时就开始烦恼，要和爸爸摊牌吗？要告诉妈妈吗？

在无所适从的状况中，情绪灵敏力高的人往往内心波涛起伏，挣扎不已。

七、运用两种调整原则，让自己得到调整

（一）以退为进原则

因为情绪灵敏力高，往往先知先觉嗅到不寻常的氛围，领略不一样的变化，有时欠缺求证，或是忘了辈分亲疏，以致反应过度，出口就得罪人。

平日不妨学习"退一步，海阔天空"的生活态度，不要把话讲太快、讲太满，多用问句、请教的方式，让对方有被理解、被尊重的感受。例如：

老公本来要说："我注意到你最近钱花得很凶，你有什么事隐瞒我吗？"

可改为："我可以问一下你最近的理财规划吗？"

如此一来，可让对方主动回应，减少你们之间的误会和冲突。

（二）以静制动原则

情绪灵敏力高的人需要学习沉淀自我、放松心情。虽然通常你的判断是对的，你的观察有脉络可循，但因为你的急于介入而打草惊蛇，往往使问题更不容易浮出水面而不了了之，最后看来似乎是

你反应过度。所以，多运动、多休闲、多接触，让自己有更多转移注意力的事可做，才不至于钻牛角尖，把美好的天赋变成了好管闲事，多此一举的臭名满天下。

例如：有同事不想被外派，他向主管报告："请让我和家人商量一下，三天后回复你。"

热心又情绪灵敏力高的你，立刻向主管私下保证："依我看来，他是不会答应去的。看他的表情就知道。"

你是猜对了，也让主管有了心理准备。但是，那位谢绝的同事听说了你背后嚼舌后，对传话的同事说："这件事轮不到他来操心。"

其实，什么话都别说，有些事静观其变，心知肚明即可，这才是情商高手，不是吗？

八、心态平衡的人生

通常在咨询界、社工界、戏剧界、文坛界等，有不少情绪灵敏力高的人，他们善用自己的视觉、嗅觉、听觉、触觉和心觉来感知别人的感知，来体会别人的体会。所以，他们创作的作品、协调的关系，都可以是多元、丰富、饶富趣味的。

一般职场上，如服务界、业务界、科技界里，若也能拥有高的情绪灵敏力，并拿捏正确，那么打开人际关系，引进潜在客户，创造品牌市场也是必然之事。

我是一个情绪灵敏力高的人。从小，我就非常在乎别人的眼光，也会无中生有地自寻烦恼。记得小学五年级，就曾经因为班主任郑老师忽视了我，而号啕大哭。

后来他走到我的课桌旁来劝慰，我反而哭得更大声。我怎么会如此这般呢？因为那就是我取得注意的方法。现在回想起来，当然觉得自己幼稚可笑，但是自己展现情绪灵敏力，毫不压抑地情绪勒索老师，倒也让此刻的我大为吃惊。

长大成人后，我的情绪灵敏力仍然保留，但是那种设下情绪圈套，用情绪勒索他人的情况没有再发生过。我把这方面的觉察能力用在演说现场，用在辅导个案上面。

比如，单单看到对方的眼角余光、嘴角微微颤动的笑纹、眉尖突然挑动的角度，或是写字线条的粗细、画下脸部轮廓线条的快慢……都能让我很快进入对方的情绪里，并且用最快的速度来提问和引导。

各位可不要羡慕我啊！

这是多年关注和磨炼出来的。对我来说，更重要的是——如何找对情绪灵敏力的平衡，切勿沾沾自喜而走火入魔，更不宜变得神经过敏而处处过度紧张。

我立志走向心态平衡的人生。

高敏感度的人需要从养身、养心、养灵三个方面来自我成长，我的养身规划是注重五颜六色的地中海饮食，多吃富含脂肪酸的海鱼，每天运动（或游泳，或做肌耐力训练，或跳街舞），认真喝白开水，锻炼一觉睡到天亮的好习惯。

养心规划方面，我注重每天大量的阅读，多请教智慧长者，每周至少看三部电影，至今也写作不辍，让自己多学习，不至于故步自封，成为井底之蛙。

养灵规划方面，这也是提升情绪灵敏力的好领域，我参加了各种身心成长的工作坊，让自己得以充分理解周遭每个人的喜怒哀乐；我也愿意陪伴哭泣的个案案主，从忧伤的谷底找出回到生命内在的力量。

至今，我学习成长的步伐仍然不停歇，我不断地让自己情绪灵敏力的范围再扩大一点，再提升一点。各位从以下篇章中，就可以找到让情绪灵敏力更丰富的探索和修正，欢迎大家与我携手并进、共同成长！

先向自己"讨爱"

不论是在办公室，还是在团队里，我们总会碰到一些比较难缠的人。对方有时候也不是恶意，就是常围绕在我们四周，或者闷不吭声，但是眼睛不停地跟着转；或者提出一些要求，让我们为难；有时甚至问一些莫名其妙的问题，比如"你觉得我这个人怎么样？交我这种朋友，会不会给你压力"，或是"如果我离开你，会不会让你难过"。

这是"讨爱型"的朋友。所谓"讨爱"，就是指在从小成长的过程中，由于没有从父母、家庭得到足够的爱和安全感，甚至是在一种误会中长大，误会父母不关心他、误会父母不公平、误会自己不够好，因此习惯于在家里、在学校教室里、在办公室里、在朋友圈里"讨爱"。

"讨爱型"的人，从情绪管理的角度来看，潜意识里一直渴望得到别人的关怀照顾。如果得到了，就雀跃不已，如果得不到，就沮丧万分。像这样需要靠别人对我们好，来证明自己的重要性，常让我们处在患得患失的情绪里。

我们得承认，每个人都多少有点"讨爱"的倾向和举动。

有的妻子喜欢问老公："你爱不爱我？"

有的丈夫会说："你每天在忙什么？家里都没照顾好！"

或者朋友之间，有的会说："你跑哪里去了？我一直在找你！"

此时，我们不妨学习将"讨爱"的动作和对象转移，也就是先向自己"讨爱"，先要求照顾自己。这要如何做到呢？

比如，当我们很渴望对方来做伴时，我们不必去否认此时此刻心中的需要。因为，有时候为了证明自己足够独立（事实上还不够独立），而不断否认需要，反而会造成内在情绪更多的冲突和矛盾。

基于照顾自己需求的需要，不妨勇敢地向对方说："我现在希望你能陪我。"如果对方说："好呀！"那么正好可以共度一段美好时光。如果对方说："抱歉，正在忙！"至少我们已表达了自己内心的需要，也明白对方的回应。如此一来，自己不会持续待在抱怨、无奈的情绪中而不知如何是好。

接下来，学习接受对方本来就有回答"不"的权利和需要，然后安排另外照顾自己的方法。比如，让自己静静地独处，或是一个人外出游乐，或是写日记等。

总之，我们在情绪管理的过程中，要学会先觉察自己的需要，并正视自己的需要，然后要求自己先照顾自己，就不会在"讨爱"的举动中迷失自己了。

把感觉大声地说出来

有一天，我正在火车站候车，一位年轻妈妈带着两个儿子走过来。由于三个人各走各的，看得出来年轻妈妈有些心事。

突然，年轻妈妈对约六岁的大儿子吼着："你不会走过来一点吗？"走在月台边的大儿子可能不好受，转身就推了一把约三岁的弟弟，并且说："你不会走开一点吗？"

在弟弟被推得莫名其妙时，刹那间，妈妈把弟弟像抓小鸡一样地高举，又重重地放到座椅上，一边脱弟弟的鞋子，一边指责："满地都是水，你为什么……"

这时我看到站在一边的小哥哥视若无睹的模样，而小弟弟则是满脸的错愕和惊恐。

类似这样的画面不断地在我们生活周遭出现，可能是办公室突然摔电话的主管，可能是团队里一位怒不可遏的伙伴，也可能是家中正在教训家人的长辈，负面的情绪像滚雪球一样到处"引爆"。

"情绪引爆点"一触即发。老实说，年幼时，对别人加诸我们身上的情绪垃圾，我们是别无选择地照单全收。然而日渐成长后，我们必须要学会清理"情绪炸弹"（负面情绪已发作了）或"情绪地雷"（负面情绪仍压抑中）。

最近哪一次"情绪引爆点"被触发过？是人？是事？还是环境气氛点燃的？这个情绪引爆现象是否有前迹可循？自我如何适时拆除"情绪引信"？

一步一步地，我们需要解除生命中的"情绪障碍"。

演讲后，在听众提问的时间里，她举手了。她问："为什么我常情绪低落？"

一位眉清目秀的女士，眉头却深锁着，表情忧郁。当时，我邀请她上台，一起来探索时常情绪低落的原因。"一天里头，当你面对什么事的时候最容易情绪低落？"

她不假思索地回答："从客户的办公室走出来时。"

"是不是有一种无力感，觉得自己没有做好？"

她点点头。

此时，我请她闭上眼睛，回想小时候哪一件事的发生和这种无力感相似。很快地，她谈起小学三年级，由于个头高，坐在教室最后一排，有一回，班上一位肢体残障的男同学路过，不小心被拐倒了。当时那位男同学对她破口大骂，她想反击，可是想到他身体的状况，于是忍住了。

"为什么我会想到这一幕呢？"睁开眼睛后的她很讶异于自己的回忆。

面对着听众，我邀请她仔细想想和客户的相处，以及和那位男同学的相处有什么相关的地方。

"是不是在情绪表达上比较压抑自己？"

经过我的提示，她终于恍然大悟地说："原来我一直没有把自己的感觉说出来!"

对! 我们可能是作为乖宝宝长大，从来不习惯对不合理、不公平的对待发出声音，结果心里一方面埋怨对方的无礼，一方面又责怪自己的无能，日积月累之后，就被一种深深的无力感所淹没了。这正是造成情绪低落的原因之一。

"把对那位男同学不满的地方说出来，把对客户不满的地方说出来，大声地说! 勇敢地说!"

果真在大家鼓掌加油之后，她拉开嗓门儿说了出来……

学习做一个情绪自由的人，这是你我成长路上一个共同的目标。情绪自由就是在不侵犯别人的权利下能自由地表达想说的话，自由地感受想感受的东西。

做一个情绪自由的人，我们才有机会看到自己的优点，并且尽力去发挥自己的长处。释放"情绪障碍"的路途虽然遥远，但如同上述这位女性听众一样，只要开始了觉察和调整情绪，就已经踏上通往情绪自由这条路的起点了。

认知自我治疗法

有时候，负面情绪的出现，往往搞得我们一整天都心神不宁，工作效率也低下。在这里提供一个认知自我治疗法，让我们来学习如何从觉察感觉、评估感觉、选择感觉到改变感觉。

一、假如此刻你感觉工作吃力，那么就以"我真正的感觉是什么"来问自己深层的感受。

1. 工作吃力，让我感觉到烦躁。

2. 烦躁是因为主管的脸色不好看，让我感觉有压力。

3. 有压力时，心中会沮丧。

4. 沮丧时，我心想辞职算了，可是又觉得找工作不容易。

二、下一步就是评估感觉，自问："这真的有可能吗？"以"零"代表"绝不可能"，"十"代表"百分之百的可能"，就从零到十来评估前面所列下的感觉。

1. 感觉烦躁，得分"八"。

2. 有压力，得分"八"。

3. 我很沮丧，得分"七"。

4. 担心找不到工作，得分"二"。

三、评估感觉的得分后，我们可以来进行选择感觉。这时，就以前面四项继续问自己："这件事果真如此发生，会对我产生什么影响？"

1. 尽管工作繁重，感觉烦躁，至少不会影响我的工作去留。

2. 主管脸色不好看，那是因为他自己也有压力，这件事对我的影响是不太好受，但至少我正在尽力，我是问心无愧的。

3. 压力带给我沮丧的感觉，这提醒了我下一次把时间管理和工作进度规划得更精细一点，必要时，事先向主管报备，把工作量适度地分配出去。

4. 担心找不到工作，得分只有"二"，这表示担心归担心，但是心里明白，就算是真的要换工作，凭自己的能力和资历是没有什么好担心的。

四、最后再问自己："我所烦躁的事，最坏的打算是什么？"这时，你可能列出"最坏的打算是整个工作进度往后挪了一天"或是"今年的绩效考核会受影响"，但是这些毕竟都还不是世界末日。

这整个过程就是让我们学习对"心中的想法"有更清楚认识的机会，因为这些想法不知不觉影响了我们的情绪走向，正向的想法带来正向的情绪，负向的想法带来负向的情绪。所以，通过觉察、评估、选择的过程，我们可以改变、调整负向的想法，绝对不让烦躁、沮丧、担心、愤怒之类的负面情绪长期干扰我们的生活。

清理"情绪债务"

每年岁末年初之际，我们总是习惯对一年来的工作绩效做点评估，对储蓄投资做点回顾，甚至如果有时间，还会针对屋子里的摆设或橱子里的衣物做点调整、清理，然而，我们是否也习惯于对自己的"情绪债务"做整理和清偿呢？

"情绪债务"指的就是无形的、情绪上的一些陈年老账。由于我们忙碌，或者由于我们不知如何处理，或者由于我们故意漠视它们的存在，情绪的债务表已经累积到惊人的数字了。

债务毕竟是债务，债务积存到某一个饱和点，自然会来向我们索取回偿；同样的道理，"情绪债务"在我们的身体、心理、精神积存到某一个临界点，也会向我们发出信号，要求我们注意。

通常在什么状况下可以看到"情绪债务"的形迹呢？在这里，不妨让我们来问问自己：

最近是否对周遭某一个人的言行举止已经忍无可忍了？

最近是否曾经躲开人群而暗暗哭泣？

最近是否在公开场合坐立难安？

最近是否经常噩梦连连？

最近是否曾经言行失态？

像这些外显的行为表现已经透露出清理"情绪债务"的时刻到了。"情绪债务"又该如何消除呢？先以小杨为例来说明吧！

一、情绪倒空

当时小杨二十出头，刚当完兵。由于年轻气盛而容易和别人起冲突。

一个周末夜晚，一位朋友来访并邀请他去听演讲。

"演讲有什么好听的？"小杨当场反驳。

这时朋友急着辩解，结果越说，两个人的声音越大。

他们走在社区的公园里，两个人边走边吵。后来，朋友在小杨的不领情之下转身离去了。

"小杨！你来！"

转身一看，原来是社区里一个毫不起眼的老头老陈。

老陈是位闲散的老人，平日在小公园的凉亭里摆着一张破旧的小桌子，然后三五朋友闲聊，或一个人单独喝茶。小杨很少理会老陈，总认为那不过是一个不起眼的老头子。

这时被叫住了，小杨只好礼貌性地打招呼。

"小杨，坐下来，喝一杯吧！"

小杨还沉浸在刚才吵架的愠怒中，一时拿不定方向，不知不觉就靠了过去。

坐定后，就着昏黄的路灯，小杨看着老陈气定神闲地拿起小茶壶，开始往他面前的小茶杯里倒茶……

"满了！满了！"

小杨眼看面前的茶杯早已溢出了茶水，弄得到处都是水了，他忍不住地惊呼起来。

"满了，是满了！"面前的老陈似是同样的倒茶动作，然而他的笑容、他的声调、他的语词，一时将小杨震慑住了。

接着老陈把小杨的茶杯拿起来，水往外一泼，然后放回小杨面前。

"倒空再装，是不是更好？"老陈如此问道。

这一景象存在小杨脑海中二十多年了，每当他和别人将要起冲突，或是被误会时，他就会想起老陈在凉亭里为他倒茶的情景，同时问自己："倒空再装，是不是更好？"

情绪倒空是个不错的自我管理方法，当我们愤怒的时候，当我们不满的时候，装满的都是"我对你错"的批判思考，越坚持，愤怒不满越高涨；如果我们愿意先倒空自己，冷静下来，听听对方怎么说，这里面就会有另外的成长空间。

除了利用情绪倒空来做到清理"情绪债务"，还可以用表达的方式来进行。不论是找专业辅导人士，还是知心好友；不论是个别咨询，还是参加成长团体；不论是用说来表达、用演来表达，还是用写来表达；也不论是对自己表达、对当事人表达，还是对他人表达。表达，都是清偿"情绪债务"的一个有效渠道。

通过说、写、演、唱、跳等各种表达方式，一个人可以探寻到：当初"情绪原点"是如何形成的；"情绪债务"是如何让自己喘不过气的；还有此时此刻，究竟该如何逐步释放"情绪债务"的压力。

承诺自己做个"情绪债务"的责任者吧！只有愿意面对这些

情绪数字，去观照、去解除，我们才有机会在最短的时间内，做个"无债一身轻"的情绪自由人！

二、敞开"自我疆界"

你是否有过类似的经历？办公室里同事们约着一起外出聚餐，大家兴高采烈地往外走，这时只瞧见他仍坐在原位，摇摇头，表示没兴趣。休息时间，大家谈谈笑笑，煞是有趣，只见这位仁君突然紧绷着脸，离开座位，留下大伙尴尬地面面相觑。

抗争性格强烈的人，有非常强烈的"自我"色彩，内里的教条、规则、礼教很多，也少有妥协，所以造成性格缺乏弹性，人际关系紧张。

其实这类人就是"自我疆界"比较严谨的人。

从小，当我们觉察到这个世界不只有"我"一个人，仍有其他的人、事、物的存在时，"我"的意识开始发展，同时，"自我疆界"也逐渐形成了。

"自我疆界"在生理上的负向表现是：紧握的拳头、蜷缩的睡姿、讲话时眼睛不正视对方、走路时笔直僵化、工作时不苟言笑、容易肌肉酸痛等。整个身体呈现紧张、不自然的状态。

"自我疆界"在心理上的负向表现是：一道深深的鸿沟架设在自己和外界之间，自己跳不出去，别人也跳不进来。整个心理呈现防卫、排斥、自我保护的状态。

这种"自我疆界"经年累月建构起来，对生理、对心理都会造成压力。这也不是说每个人都需要完全打破"自我疆界"，而是适度地，如保留个人的私密性、只向知心好友倾诉等，同时在自己和外界之间仍有一条畅通的渠道可来往。

针对"自我疆界"严谨的人，要设法解开他自我限制的枷锁。让他愿意和内心真实的、自然的我接触，听听内心的需求和声音；也愿意和外界的人们做进一步的接触，缩短相处上的距离。

有位女性职员总是和同事格格不入，与主管交谈时更是不自在、眼神不敢碰触主管、答话也简略。尽管她的工作能力很强，却被办公室同事列为不合群的人。

在一次解除"自我疆界"的训练中，当她练习正视对面走来的男性学员时，她的全身不停地颤抖，也害怕去靠近对方。在这时，她回想起了自己从小很少得到父母的拥抱，有一次，不苟言笑的母亲甚至在亲友前取笑她走路跟跟跄跄。

通过这次的训练，这位女性职员开始缓和了"自我疆界"的界限，并学习和同事更近距离地谈话，愿意将内心感受表达出来。和主管谈话时虽然她还是有点不自在，不过眼神和表达都有进步了。

从人性的角度来看，其实我们都渴望跨出"自我疆界"的牢笼，与外界有更紧密的结合。唯有通过生理和心理的逐层解严，将友谊的"接触"向外延伸，人生态度和人际关系才有机会豁然开朗。

三、有安全感的自我揭露

我们只是不经意地和一些人相遇，可能我们也只是随口的一句寒暄："今天天气还不错！"

不料对方的回应却是："对呀！今天这种天气让我想起了小时

候，有一次，我的母亲……"

由于对方快速地进入自我揭露的阶段，我们可能的反应有两种。一种是讶异、保持警戒和敷衍的回复："嗯！嗯！说得也是！"另一种是如获知音，立刻也自我揭露起来："是呀！我有同感，记得小时候有一次，也是类似的情形，当时……"

自我揭露是疏导情绪、自我探索的渠道之一，我们很少在短时间内对陌生人自我揭露，除非是接受咨询辅导，或是参加心灵探索之类的成长团体。通常我们只习惯于向少数好友或家人自我揭露。甚至有的人一生都找不到真正可以自我揭露的对象。

自我揭露常涉及隐私，如果不是绝对信任，我们不会轻易开口。社会心理学家海克曾经在一九八一年针对大学生做了一项研究，他发现"在异性间的人际关系里，女性经常揭露自己柔弱的一面，而对自己较强的能力则三缄其口；男性的揭露模式则相反，他们常宣扬自己能力较强的一面，而隐藏自己的弱点"。这是否显示了有些女性渴望获得支持和了解，且缺乏自信，因而看不到自己的优点？这是否也显示了有些男性以"强者"形象为前导，缺乏勇气去试探内在的不足？自我揭露的角度和程度的差异，值得我们进一步去做研究。

说起来，我们喜欢和没有利害关系、自我揭露程度相当的人相处。因为这样会让我们感到有安全感，而且得到情感上相对应的支持。

有一项研究，是让学生到机场候机室向旅客主动揭露自己的秘密，同时要求对方也要相对的自我揭露，结果反应不佳，大多数旅客有排斥、不亲切的反应。可见要自我揭露，有时候要有相当的条件，例如：看我们的心情、倾诉的主题、对方是否看来顺眼，还有我们是否有此习惯等。

通常自我揭露的过程也有些微妙的平衡运作，也就是两个人在互相自我揭露时，往往是依循序渐进的方式。等对方做了适度的回复后，我们才会进一层继续表达，总是让双方的揭露维持在一个平衡点。

事实上，每个人都还保留了一处隐私地，那和个人自尊、权益有关，自我揭露能力再强的人还是懂得适度、及时地保护自己的。毕竟我们需要有一块安全堡垒，让自己活得有尊严、活得有退路。

接纳正反情绪

决定分手时，两个人处理得相当理性，好聚好散嘛！然而在夜深人静时，复杂的情绪不知不觉又跑出来。如果说完全没有爱意，那是不可能的；说要回头复合，却又难以启齿。想来想去，不由得怒意丛生。当时给他那么多机会来调整关系，他却不珍惜，害她如今耗掉一段青春岁月，如今也不知道下一个男人在哪里。

这种既爱又气的矛盾情结往往令人不好受。气久了，也可能转变成更进一层的恨。

另一位上班族的矛盾情结是来自和父母的相处。当初邀父母来北部同住，可是父母总有千百个理由拒绝和拖延，如今，她好不容易在工作上拼出一片天地，刚晋升为业务部经理，前途更被看好时，父母却相继病倒了。于是奔波在医院、公司之间，她也产生了矛盾的情绪，一方面她当然感激父母生养之恩，一方面却又气父母生病的不是时候，加上老人家不配合医生的治疗方式，她往往忍不住抱怨责怪，可是一回到公司，她又深深自责自己为何对老人家没有耐心。

矛盾情结是正反两种情绪同时存在所造成的心理困扰。例如，想爱又怕被拒绝，想亲密却又怕被束缚，想独立却又渴望被呵护。

我们一般都会认为，正反两种情绪不可并存，事实上这种想法反而更干扰我们的情绪，因为我们正不知不觉用这种想法批判自己。

我们学习接纳同时并存的正反两种情绪，并进一步去厘清感受，再尝试做调整，总比逃避或是一直在矛盾中要来得更积极、更舒畅。

以第一个个案为例，爱情关系里有些人存在一种迷思——仿佛不在一起相处的人就不想爱他（她）了。然而，爱和气是可以并存的，爱是因为想到过去美好的相处经历，气是因为想到对方对不起自己。虽无缘分相守，爱的感觉若还存在，就让它自然存在，不刻意压抑，也不责备自己，一个人反而可以在这爱的感觉里得到成长机会。至于气的部分，倒是可以厘清自己究竟在气什么，气对方不忠诚？气对方不珍惜自己？容许自己在日记中或向亲近友人抒发怒气。

同样地，在第二个个案中，她本性上自然是爱自己的父母的，因此，与其让自己陷入矛盾情结中，不如化作开放式的沟通，请其他兄弟姐妹共同分担照顾之责。当一个人体力、精力负荷过量，又不压抑内心的感觉时，那种怒气就不容易牵引而出了。

总之，容许自己有时定格在负面情绪中，让自己明白到底发生了什么事，再找到方向走出矛盾情结！

不做受害者

他整个人像泄了气的皮球，完全提不起劲。事情源自半年多前，他的主管好意告诉他，总公司准备甄选两名优秀同人到美国接受进阶训练，训练期间薪水照领，还可领取专业资格证书。听到这么优渥的条件，他自然是心动了。主管最后还说了一句："只要你手上这个企划案好好完成，你机会很大哦！"

虽然没有正面承诺，但他铆足了劲，把手上的企划案做到尽善尽美。可是一个月后，名单上没有他的名字，他整个人也就此一蹶不振了。他认为主管没有尽心地推介他，甚至怀疑主管是利用出国受训的诱因，要他完成企划案而已。

另一位女职员，最近对好友同事若即若离，照理说，两个人在同事群里最投缘，几乎无话不说。起因是——她为好友同事介绍了一位男朋友，两人交往了一段时间，看来还情投意合的，可是，最近她的好友同事却闹分手，使得居中的她很为难。她觉得好友同事自视太高，不懂珍惜，又不听劝；然而事后再回想，却又觉得对好友同事不理不睬，也非本意。这件事就这样搁在心头，不知如何是好。

细细探究这两个个案的矛盾心理，关键在于受害者的心理。受害者的心中多半是认为"别人对不起我，自己是整件事的受害者"，有时则是认为"我的命不好，总是没有好机会"。一个人如果长久处于受害者心态中，不知不觉人际关系就会呈现紧张状态。因为受害者的语言常有抱怨、暗讽，态度消极、冷漠或郁郁寡欢。

受害者还有一个特征有别于迫害者。迫害者通常认定是别人犯错，因此生别人的气；受害者除了生别人的气，也有一个部分是生自己的气。

例如，第一个个案看来像是在生主管的气，其实他也正在生自己的闷气，气自己为何轻信主管一句并非正式承诺的话。第二个个案，看起来像是在生好友同事的气，其实也有一部分是气自己好心没好报，早知道如此就不该多此一举。

若要跳出受害者的陷阱，最好是朝责任者的方向走。给自己重新评估别人话语的机会，如果决定要用心完成企划案，那也是来自本人的心意，至于是否入选，则各凭本事了。另外，在帮助朋友的时候，尽一份心意即可，当初创造一份缘分，责任已达成，至于他们是否和平相处，是否结婚生子，已经不在自己的责任范围内。

总之，受害者如果能脱离自责和责人的情绪，就可以轻松自在地做自己。

放下完美主义

生活的周遭如果有完美主义者，往往会带来相处上的压力。

一位女性上班族表示，她是一位全力以赴型的工作者，可是她的企划案交到直属主管手上后，总是被修改得体无完肤，这让她深感挫败。

一次偶然的机会，总经理看到她的企划案初稿，发现更具创意和市场潜力。这时，她才重振信心，也重新评估直属主管和她的关系。她注意到直属主管是一位完美主义者，事事以高标准来要求别人，有时因为战战兢兢，生怕有误，反而把企划案越修越离题。

还记得有一次在电台节目中听取听众来电，一位女性听众谈及她的工作压力和自我期望，她说："我一直达不到标准。"

当时，我立即请教她："这个标准是你的标准，是主管的标准，还是父母的标准？"

她想了一会儿，回答："是父母的标准。"

一下子，她明白了压力的来源之一是由于从小父母要求严格，并将她塑造成凡事追求第一的完美主义者，而她的父母也是完美主义者，处事严谨，不落人后。

有一个追求完美的故事发人深省。一位男士自认完美，所以他刻意追求完美的女性作为婚姻伴侣，寻寻觅觅了多年，直到他七十多岁牙齿都已经动摇了，仍然毫无所获。

有位好友问他："经过这么多年，你跑遍世界各地，总该见到不错的人了吧？"

这位男士回答道："对！我曾经遇到一位完美的女士。"

朋友听了，兴奋地追问："那你向她求婚了没？"

"我是向她求婚了，但是她拒绝了我，因为她也还在寻找完美的另一半。"七十多岁的完美男士很失望地说道。

…………

完美，完美，每一位完美主义者所追求的完美都有不同的标准，然而，因为追求完美所造成的压力却是大同小异。发现自己有完美主义者倾向的人，不妨做如下的自我评估：

高标准、零缺点的自我要求是否让自己快承受不住了？

周遭亲近相处的人是否正因为自己的完美要求而感到痛苦难当？

这么多年来的追求完美，是否真的让自己满意？

从另一个角度来看，若是艺术创作者，追求作品（例如：绘画、音乐、电影、雕塑、陶瓷……）的完美，这似乎是无可厚非的，"好，还要更好"正符合了创作的更佳境界。然而，在为人处世上来要求完美，不免增添自己和自己、自己和别人相处上的麻烦。

放宽标准，放松要求，容许自己有那么一点不够好的部分，允许自己有需要改进的地方。当要求一百分的世界，变成只要八十分的时候，人生将变得更有趣，也更有弹性了。

身体是有记忆的

他，坐在听众席里头是那么突出，并不是由于他俊俏的脸庞，或年龄稍轻，而是他有一张失去笑容的脸。

无论其他听众如何开怀大笑，他就是纹丝不动；无论其他听众如何开心分享，他就是紧闭嘴巴不说。这样的他仿佛暗夜里发不出光芒的灯塔，有点冷峻而且孤寂。

其实没有人故意变成拒人千里的人，也没有人不需要被关怀、被支持，只是在生命成长的历程里，可能有了委屈、有了误会，因此把自己的心门逐渐关闭起来了。

心门关闭的结果，是连带自己的感官、感受也逐渐封闭起来，然而，我们的身体其实是有各种灵敏的知觉的，我们的身体有时候比我们的心理更了解我们的需要。所以，为什么我们不让身体的感官更活跃地来说话呢？

在一次演讲会场上，一位小姐问道："我已经长大成人，很想改善和父母的关系，可是有时候情绪就是控制不了，不知道为什么，我就是对我的父母很生气。"

当时，我邀请她出席，并且以"感官复苏"的方式来轻拍她的身体，当拍打到臀部、腿部时，闭着眼睛的她流出了泪水。

她找到了愤怒的"情绪原点",原来当年她曾经被父母同时重重地打臀部、腿部,多年来这件往事早已被淡忘,然而在此刻,她记起来了。

她一边擦拭泪水,一边说出这段往事时,也决定释放心中对父母的怒气。

身体是有记忆的,如果我们学习开放身体的感官知觉,同样可以从中找到情绪调整的渠道。

身体的"定格信号"

在情绪管理的领域里,有时候通过肢体动作的改变,也可以改变一个人内在的感觉。在公众场合,有的以"爱的鼓励"式掌声,有的用手指摆出 V 字形,有的以握手问安等各种形式来创造一种愉快、尊重、喜欢的情绪感觉。

事实上,我们每个人的身体都非常灵敏,我们可以通过肢体动作来制作一套"定格信号"。所谓"定格信号",就是制作出个人的身体信号,当你需要某种感觉的时候,只要做出这个动作,自然地就传导出你所需要的情绪感觉。

举例而言,我们常见到有些人在看到什么恐怖的画面或听到什么惊骇的事情时,往往把手抚按在胸口,仿佛要好好安抚自己的情绪,这就是一种身体和情绪之间的"定格信号"。而这种"定格信号"往往是学习而来或是下意识的一个动作。

做一个学习情绪管理的现代人,我的建议是——不妨培养自己拥有一些简易、有效的"定格信号",以陪伴自己渡过一些负面情绪的难关，比如：

紧握拳头，口喊"Yes"，陪伴自己从沮丧、失望，转向积极、希望。

两只手掌交握，摩擦出热力，陪伴自己从担心、紧张，转向振作、加油。

以手背轻抚脸颊，或以手心轻拍头顶，实时自我勉励一番。

每个人都可以开发自己的"定格信号"，而且是要正面的、积极的。这样可以随时通过激励的、善意的肢体动作，让自己快速调整情绪、改变感觉。

慎选口头禅

你有没有想过：你的口头禅正在影响你的情绪和健康？

家人、朋友、同事之间相处时，往往因为彼此熟悉、亲近，因此，遣词造句也较无遮拦。往好处想，这样可以拉近彼此的距离，换另外一种角度来想，可能要注意这些口头禅在不知不觉中所造成的威力了。

口头禅的类别，如果要细分，约略可以分类如下：

毁灭型："我惨了""我受不了""你去死""气死我了""吃不消""头大了""你会死得很惨""你疯了""我完了"等。

否定型："少来了""你好烦啊""算了""活该""笨蛋""没用""好狠心"等。

模棱两可型："随便""没关系""都可以""还好""再说吧"等。

怀疑型："奇怪""你怎么搞的""为什么""谁说的"等。

激励型："太棒了""帅呆了""真好"等。

当然，如果还要细究，还有类似三字经型、国际通用型等。在此，我们来着重探讨这些让我们说成习惯的口头禅，除了发泄情绪或拉近距离之外，它们可能还会有哪些影响？

从"身心医学"的角度来了解，一个人的意念、想法、说辞都正在影响个人的情绪，同时在交互作用下又影响到体内的器官。这也就是说，如果要做一个重视健康规划的现代人，除了注意饮食习惯、健身运动之外，也需要关心我们每天正在"喂养"自己心灵的内容，因为我们所说的每一字每一句都正在和我们身体的免疫系统"连线"，所以，我们一定要慎选口头禅。

换个角度，豁然开朗

有一回，我应邀到一家公司讲课，讲授过程中，教室的门突然被推开，一位女士闯了进来，并且问道："你们有没有看到一个牛皮纸袋？"

一时之间，教室内有着片刻的沉默和尴尬，有些学员摇摇头，有些学员回答："没有看到！"有些学员则皱着眉头不吭声。

我则回应这位女士，告诉她："显然是没有人看到哦！"

瞬间，这位女士把门关上了。

教室里仍弥漫着不是很愉悦的气氛。由于正在讲授情绪管理，而这正是一个绝佳的机会。

于是，我问大家："请告诉我此刻你们的感受。"

有的说："被干扰，很不舒服！"

有的说："这个人很不礼貌！"

有的说："打扰到人家也不会说声抱歉的话！"

对，当我们从负面角度去批判一个人的时候，情绪很快地也被"干扰"成为"不舒服、不愉快"的状态了。

于是，我又问大家："请问，从这个人的身上我们学到了什么?"

有的说："先敲门，再开门!"

有的说："我会有礼貌地问……"

有的说："发现打扰别人上课，会说抱歉的话。"

"哈，可见从这个人身上，我们也学到不少东西，是不是也该谢谢她呢?"当我这样一说时，教室内的气氛有了明显的转变，大家恢复了原先有说有笑的状态。

是的，事件发生的那一刻，我们都会有些立即反应，这些反应正在影响下一刻情绪的形成，所以，就看当下此刻，我们是选择负面去看待，还是正面去看待了。

情绪数字是指标

让我们来想象一个画面：

早会时间，办公室里，主管和属下都很自然地从一至十报出一个数字。这时，他们并不是照顺序在报数，而是各自报出当天早上的情绪数字。如果报出"八""九""十"，表示情绪不错。如果报出"五""六"，表示情绪平平。如果接近"一"，表示情绪不佳。

《情商》一书作者丹尼尔·戈尔曼曾提及一所美国私立学校为学生设计了情商教育课，学生在点名时报出情绪数字，作为老师当天关注他们学习行为和情感生活的参考。

同样的道理，企业界也值得重视员工的情绪教育，因为创造一个人际关系和谐、向心力强的工作环境，已经是二十一世纪的职场趋势。所以，公司除了研究品牌形象、产品通路、企业营收之外，办公室内摸不到却感觉得到的情绪气氛同样重要。

有远见的企业，一定懂得让员工有适当的通气孔，让"职场情商"在办公室发挥作用。

诚如前面所提，如果在早会时间让员工享受情绪教育，将内在真心感受报个数字，说出感受，主管适时地以接纳和引导的方式来关注员工，相信对工作进度、员工的身心发展和办公室气氛都会有所助益。（前提：当然，主管必须是个重视"职场情商"的人。）

读者朋友可以试着每天早上问自己：

"此刻的情绪数字是多少？"

临睡前再问一次，让自己观察一天里面情绪数字的波动状况，同时决定隔天如何做更好的情绪调整。这也不失为自我情绪教育的方法之一。

◇　**情绪调整练习**

一、你此刻的情绪数字为何？（早上）

_____

_____

_____

_____

二、你此刻的情绪数字为何？（睡前）

_____

_____

_____

_____

人生是来享受的

"人生是来享受的！"

演讲会场上，当我这样坚定地说时，立刻可以感受到听众对这句话的惊讶反应，因为有人可能会想成"享受是放荡享乐"。事实上，我尊重也接受各种劝人为善、追求心灵平静方面的做法，而我所说的"享受"这两个字，是为了提供另一种思考方向，让有志于情绪管理的人，或是正在追求身心整合的人找到门径。

所谓的"享"是"分享"。

"分享"这两个字若能仔细推敲，当可发现其中完全不具批判意味，是以一种平行的方式和周遭的人相处。当我们在分享一份感受、分享一种经验、分享一个故事时，基本上，我们不急于要求对方反馈，只是自然而然地"给出去"了。

所谓的"受"就是"接受"。

在我们的情绪内里为何会有这么多的冲突、矛盾和挣扎？就是因为我们无法接受。无法接受什么呢？往往是无法接受自己，无法接受别人。

如果我们开始学习不用讨好和姑息的方式去接受，而是真的练习放下批判的方式去接受，当可发现在接受自己、接受别人，甚至接受大自然、万事万物的过程中，我们正在享受人生的成长、平静、感恩和喜悦。

　　一位年轻的男性上班族很开心地告诉我，自从他以"享受"看待人生，当主管交代工作时，客户打电话来抱怨时，女朋友要求多花一点时间陪伴时，他都不再像过去一般烦躁。他说："因为我正在享受被看重、被需要，以及被挑战的机会。"

Practice A 恰到好处的情绪化

1. 碰到主管、同事、客户对你说"No"，你觉得这是人之常情吗？

_____

2. 你觉得勇于表达可以释放情绪的障碍吗？

_____

3. 工作吃力时，你会主动向主管或同事求援吗？

_____

4. 你觉得"情绪倒空"可以让自己冷静下来，减少"情绪负债"吗？

_____

5. 你觉得自我揭露是需要循序渐进的吗？

_____

6. 你（受害者）已经脱离"自责"和"责人"，可以学习做自己了吗？

_____

7. 你（完美主义者）需要学习接纳自己可以不够好吗？

_____

8. 你有练习打开心门，让身体感官复苏的经验吗？

_____

9. 你是否注重个人的正面意念、想法、说辞，让自己达到身心平衡呢？

_____

10. 你常用享受（分享＋接受）的互动方式广结善缘吗？

_____

Practice B 自我省思

工作情商上，我的优点是：

_____

_____

_____

_____

_____

_____

我需要修正的是：

_____

_____

_____

_____

_____

_____

_____

恋
爱
相
处
篇

男人要开，
女人要放

在论及婚嫁的时候，她却犹豫了。

不是不爱他，也不是有第三者出现。只是从认识、交往，到决定结婚，前后八年中，她总觉得自己是全心向着他；而他，却像是拉在手上的风筝，看似接近，其实遥远。

"为什么他不让我更接近他呢？男人都是这样封闭的吗?"在结婚的前一周，她特地来咨询，只为了厘清内心的一些疑虑。

的确，在爱情的领域里，女性只要人家对她好，呵护她，关爱她。在还没有辨明彼此是否合适之前，往往因为"不好意思拒绝"或者"不忍心让对方伤心"，而很快地在精神上、感觉上，甚至身体上就接纳了对方。

接纳之后，接着就愈要愈多。

男性则不太一样，男性喜欢主导爱情发展的过程，通常让女友走到他内心世界的某一个阶梯，便就此打住了。这其中的可能因素，一是男性从小多半没有从家庭学到"亲密是可以有安全感"的经验；二是男性担心表露太多私人情感需求，会失去男性气概；三是男性担心说了太多，会被追根究底而受到束缚；四是男性在尚未进入结婚礼堂前，有的仍心存观望，所以保留一点，以策安全。

　　若是相爱中的男女朋友有类似的情况，不妨适度地调整心态，男性需要学习的是"开"，练习敞开自己，试着表达愤怒里头的恐惧，试着表达冷漠里头的渴望被爱。

　　女性需要学习的是"放"，练习放松地和男朋友相处，因为，我们不见得需要依赖对方的"口说"，才能了解对方。关心和认清一个人的方法还很多，我们要学会善用我们的眼、耳、手、心等。还有，更需要明白的是——对男性而言，自由比爱情更重要。

致命的吸引力

当我们爱上一个人的时候，看起来仿佛我们为对方着迷，对他朝思暮想。事实上，我们是爱上了自己！

其中一个可能是爱上了自己的"需要"。

由于对方的谈吐、学识、外貌或是经济能力等，有一点可以补足我们内在的渴望，于是在生命交会的偶发情境里，很容易和对方一拍即合。

另外一个可能是爱上了自己的"优点"。

这和前者不同的地方是，这种人一向对自己充满信心，欣赏自己，因此当我们看到拥有类似优点的人时，基于熟悉的因素，也基于惺惺相惜的心态，很快地陷入情网。

也有一个可能是爱上了自己心内的一份"感觉"。

曾经有一位小姐在接受咨询的过程，袒露了她内心的慌乱和疑惑。

她说："我很害怕自己现在的情况，明明我是在谈恋爱，可是我就是患得患失。如果他对我很好，我就会担心万一分手怎么承受得了？如果他稍微冷淡，我又害怕他是不是不要我了?"

这位小姐爱上的是内心里一份不确定的感觉。

有的人从小就在不确定的感觉中长大：我们不确定爸妈是否真的爱我们，因为我们几乎很少听到他们说"我爱你"；我们不确定学校师长是否真的欣赏我们，因为我们几乎很少听到他们说"你很棒"；我们不确定兄弟姐妹或好友是否真的接纳我们，因为有时候彼此还会争执怄气。

如果我们在一份不确定的感觉中长大，那么我们早已习以为常，甚至可以说，我们喜欢这份不确定感。这也是为什么有的人爱得疯狂、爱得痛苦，因为一份感情中的是或不是，要或不要，充满了猜测，充满了刺激，也充满了甜蜜。

通常而言，我们是爱上了另一个"我"，因为我们正在爱恋的对象身上寻找自己。

当对方来倾诉爱慕

当你身旁有一双特殊的眼睛，或者某人经常有意无意地出现在你面前，相信你也明白这其中是有什么事情发生了。

如果你正好对他也有兴趣，那么这是一段可以顺势发展的恋情。如果你对他并没有特殊的感觉，那么你可能碰到了一个状况，那就是他来向你倾诉爱意了。

首先，我们需要了解一件事——多数人是害怕被拒绝的。

他鼓起勇气来倾诉之前，已经不知道想了多少遍，预习了多少次。假如他有把握，早就开口了，就是因为缺乏信心，考虑很久，来倾诉时才不免吞吞吐吐的。这时候的你，如果心里没准备好，乍听之下，可能跟着支支吾吾，不知所云；或是义正词严、教训一番；或是嘻嘻哈哈，假装听不懂。

一位接受咨询的小姐提及一段经验，当时是一位男同事来向她倾诉心意，她一时心慌意乱，不知如何面对，只是继续手上的工作，最后，当男同事听到"不可能"三个字时，低着头，默默地走开了。

从那天起，她尽可能避开他，除了公事交谈，其他绝无接触。可是说也奇妙，逐渐地，她开始注意他的动向，关心他的喜好，三个月后，她确定自己对他也有好感，可是对方已经按兵不动了。

…………

不论你是否接纳对方，表现出一种温馨而理解对方的态度在这一刻是相当重要的。

因为关怀的聆听并不代表你接受爱意，而是一种人和人之间难得的心灵碰触，何不让对方把心中的感受倾吐而出，让对方有机会去明了那是否只是因为误解而造成的一时迷恋，或是让对方有机会去认清和调整今后的关系。

没有逃避，没有批判，让双方在安全而舒服的感觉中共同经历一段成长吧！

每日一爱人

看到患了"爱情上瘾症"的人不断地在爱情路上来回奔波，我们有时不免疑惑——爱情对于他们，究竟代表了什么？

当我们听到失恋的人悲叹道："唉，没有永远的爱情！"

我们可能也跟着茫然地说："是呀，没有永远的爱情！"

问题是——究竟爱情的领域里有没有明确的定义？每一个人对爱情的诠释是否也有差异？

如果要进一步分析爱情的领域，可以从三个层次来看待。

第一个层次是"迷恋"，在这个阶段是初坠情网，有时只是单向的，往往只看到对方好的一面。这个"好"可能是自己想象中的"好"；由于对方的某些特质正符合了我们内心所熟悉或所需要的，因此产生了巨大的吸引力。这股吸引力多少也带着"性"的成分，这是属于试探的阶段，是浪漫的，是非真实的。

第二个层次是"恋爱"，恋爱是两个人有了互动过程，彼此渴望和对方生命有更大的结合机会，不论是肉体还是精神上。所以，在这个阶段双方难分难舍，因为结合的过程让双方看到相似相喜的地方。

第三个层次是"真爱"，真爱的阶段属于跨越的阶段，也就是从恋爱阶段的"合二为一"，此时此刻又归回"分一为二"的状态。然而这个阶段的"一"，再也不是迷恋之前或迷恋之时孤单的"一"，而是一个被尊重为独立个体的"一"。

真爱阶段的恋人虽然不再有激情、不再有狂热，但双方的生命已然不再寂寞，因为双方正鼓励着彼此发挥最大的潜能，在心灵成长路上学习。

有了"爱情三层次"的诠释，下回碰到"爱情上瘾症"的人，我们能清楚地知道那可能是"迷恋"正在作祟；或者当我们听到有人谈到"没有永远的爱情"时，我们心里明白"恋爱过程确实有时限，但是双方若能进入真爱的阶段，却是可以长远的"。

…………

想想看，我们每天都有一个全新的爱人，这将是多么疯狂又新鲜的事。算算看，一年三百六十五天，我们就有三百六十五个全新的爱人，一生就有……

是的，我们每天可以有一个全新的爱人。我们也可以是我们爱侣的全新爱人，在每一天清晨醒来的时刻。

事实上，我们所爱恋的人，不论是从一见钟情的刹那开始，还是从日久生情、互相承诺的那个时刻开始，他已经不是我们心目中以为的所爱恋的那个人了。

因为在阳光于窗隙之间移动的每时每刻，他的生命内容已然有了翻新更动，更不要说经历了一天的起居作息、与人交谈、阅听信息、挑战挫折等种种人生波涛之后，再度出现在我们面前的他了。

这也是为什么许多相爱中的伴侣，开始有了相处上的困难。

才隔了二十四小时不见，为何昨日含情脉脉、温柔体贴的他却失去了笑容，甚至怒目相视？为何昨日信誓旦旦的他却完全改变了说法？为何昨日难分难舍的他，今天却绝情离去？

对，关键就是，我们多半停留在昨日以前的感觉里，甚至定格在当初令我们动情的那个框框里，所以在和今天的他相处时，我们分神了，我们一直不愿意接受此时的他已然是不同的他，我们一直不能面对此刻已经改变的他，甚至我们在盛怒或无可奈何时会发出呼唤："为什么我们不能回到从前？为什么你不能像从前那样来对待我？"

每天换一个全新的眼光、全新的心情去迎接生命中的爱侣吧！当我们抛开旧日的桎梏和要求，活跃在每一天全新的成长和分享里，我们将会发现，亲爱的伴侣竟然也全新、自在地展臂相迎！

恋爱性格三类型

如果把性格类型分成三种，一种是依赖型，一种是控制型，一种是竞争型，你属于哪一种类型的人呢？

性格类型受到遗传、父母家教，以及成长环境等种种因素的影响，性格类型决定了我们的情绪反应，决定了我们如何看待世界，同样地，也决定了我们在恋爱途径上的反应和成败。

从谈恋爱的角度来看，依赖型的恋人，害怕被拒绝，渴望得到语言上或肢体上的承诺，经常患得患失，在相处上放低姿态，碰到冲突或不满时，往往自我压抑。在爱情发展过程中，这类型的人会努力争取安全感。

控制型的恋人，要求被尊重，喜欢掌控爱情发展的局势，常主观地决定对方的需求，并追求完美。在爱情发展过程中，这类型的人会努力争取自由感。

竞争型的恋人，喜欢追求不易到手的对象，有时也喜欢在三角关系中去证明自己的魅力。爱情中来点冒险、刺激最是写意了！在爱情发展过程中，这类型的人会努力争取成就感。

类型的分法只是为了帮助我们更能认同自己、了解自己，虽然这是做参考的，不是绝对的，但最起码，我们可以在恋爱过程中学会观照自己和观察对方。

有趣的是，依赖型的人容易受控制型的人吸引，因为这类型的人在其中看到了力量、权威和安全；控制型的人容易接受依赖型的人，因为在其中感受到自主、完美和自由；竞争型的人容易爱上控制型和同样竞争型的人，因为对方越不肯被驯服，越能激起恋爱的狂热，在其中感受到的是层层破除爱情障碍后的喜悦和成就感。

当然，若要立于爱情不败之地，我们还有另一种选择——那就是三合一型。

假如我们懂得去综合和选取这三种类型的优点，例如尊重、创意、分享，在恋爱相处的过程懂得适时、适地、适人、适量地出招，相信也可以让恋爱生活更丰富、更有变化。

爱人的动静之间

　　昨晚，你们分明共度了一段愉快的时光，互道再见时，彼此还依依不舍。今早，你福至心灵，想到一件有趣的事并好想告诉对方，你猜测他也会和你一般哈哈大笑，或者夸赞你的幽默可爱，于是，一通电话，你迫不及待地打过去，这时，咦？接电话的他怎么冷冷淡淡，甚至在最初一刹那，你以为自己打错了电话。

　　有时候你和他成天腻在一起，逛街、聊天、看电影、吃饭……一到分手时还觉得意犹未尽。有时候，你又觉得有点烦，好像说来说去也还是那一套，玩来玩去也不过如此，你好想独处一下，于是在被邀请时，语气、态度方面，你迟疑了。

　　恋人之间的相处通常有些微妙的细节。此处我们要探讨的是能量的流动现象。每个人都有各自的生命能量，生命能量来自一个人的人生态度、健康状况、自我接纳程度等的总和。因此，在人际互动的过程里，每个人的生命能量也都正在进行输出、吸入、整合的工作。一对恋人，由于交往频繁，能量的进出更加快速，因而有时不免会感到能量耗尽。

　　在此建议恋人们，不妨进行觉察的功课。假如我们的能量过度活跃，影响到对方的安全空间（这个安全空间包括了感觉上和生活上的），那么在能量输出和搭构的过程中必须客观地观察，并在彼此感觉舒服的情况下来尝试继续进展。比如：打电话的次数、电话聊天的时间长短，或是关心对方时所能探询到的程度必须适可而止等。

有时候暂缓、退一步或静观其变也是恋人能量输送交流的过程之一。总之，如果能在动、静之间掌握其中收放自如的诀窍，你将会发现，在你们之间，生命能量如同两股电流，有了丰沛、有趣的交会。

做对百分之二十的距离管理

在一般管理学上有个说法叫"二八定律"。也就是百分之二十的高绩效员工，创造了公司百分之八十的利润；百分之二十的重点客户，创造了公司百分之八十的业务收入。

谈恋爱，一样可以使用"二八定律"。以"距离"为例，谈恋爱的初期是一段甜蜜时光，这时候彼此仍在探索、追求阶段，日子里充满了神秘、好奇和愉悦，因此两个人恨不得时时相守，日日相见；等到进入了固定的阶段，神秘感不见了，渴盼约会的刺激感消失了，这时，"二八定律"的"距离"管理就要派上用场。

恋人之间的距离管理包括哪些内容呢？这里面包括时间距离、空间距离、感觉距离和视觉距离等。

在时间距离上，至少维持两三天不见面，让彼此在不同的环境里、心境里开创个人的成长内容。

在空间距离上，最好维持在车程半小时至一小时之内。也就是不要太近，但也不要太远。

在感觉距离上，在两个人不见面的原则下，如何创造保有亲密感的分享呢？这就要靠电子产品了。这时，切忌在上班时刻互发邮件、在线聊天，因为气氛、角色和时间都不容易掌握，最好是睡前。这时，彼此都放轻松了，讲话的语调、速度和内容，都会有更好的传达。

在视觉距离上，当两人有机会见面时，最好避免正面对坐，造成紧张对峙局面。当侧面而坐时，也不急着开口，不妨用一两分钟的时间，面带微笑，然后以关怀的眼神照看对方，这时，爱的能量就如此传导了。

以上所提供的就是恋人相处时的距离管理，只要掌握好百分之二十的重点原则，相信你就可以创造两人百分之八十的亲密感了。

信任先于相爱

一次我以"爱情管理"为主题演讲时，一位小姐鼓足了勇气，举手问道："在什么情况下可以证明两个人相爱呢？"

我反问她："你有没有过一种经验，就是雷雨交加时，你会想到他是否被淋湿了？当你在欣赏月光美景时，会想到如果他能在一起不知道该有多好？"

这位小姐点头了。

对！就是这种感觉，关心和渴望分享带来了爱的感觉。

当说到这里时，我又问这位年轻小姐："你有男朋友吗？"

她落落大方地点了头，又快速向旁座的年轻男士望了一眼。哈哈！一下子透露了她的秘密。

我接着再问："男朋友就在你旁边？"

这回她不好意思地点点头。随即，我邀请这一对恋人站起来接受全场听众的掌声祝福。

是的，相信任何一对恋人在认识的当初都渴望天长地久，然而，为何总是会面临"相爱容易相处难"的状况呢？

因为在初陷情网时，两人都急于了解对方，也渴望被对方了解，所以在逐渐接近的过程中，双方都展现了绝佳的魅力和耐心。当双方了解到某一程度时，吸引力减少了，爱（关心和渴望分享）的习惯减弱了，相处上就开始有了现实生活造成的摩擦。

如果你要问我，有什么可以维持长久相爱的神秘力量？

我的答案是："信任。"

如果信任多于爱，那么这份爱情比较容易持久。

许多失恋的故事，除非真的彼此不合适而分手，否则在相爱中的恋人若经不起考验，大都是因为相爱却缺乏信任。所谓的"信任"就是"相信自己，也相信对方"，再明白地说，就是"对自己有信心，对恋人也有信心"。

对恋人而言，信任比相爱重要，哪怕是一个约会准时的习惯，说话算话的承诺，或接受对方解释的雅量等，都正在累积双方的爱情积分。

争吵的微妙意义

一对再亲密相爱的恋人，在经过浪漫期之后，总会来到权力抗争期。在这个阶段，双方各自对人生的看法、处理金钱的态度、对性的接受度和对工作的取舍等，多少都有些不同的价值观。

意见不同这在一般的人际相处中是很正常的现象，然而在恋人之间，由于多了一层相爱的关系，即呈现了微妙的权力争战现象。

强势的一方希望爱人接受意见，弱势的一方希望爱人尊重意见。就在接不接受、尊不尊重之间，有些感觉开始走样了。

感觉走样的时候，如果双方懂得开放心灵，就事论事，共同找出两人皆可接受的客观看法，那么争吵很容易平息。但是，过去没有学到该如何良好沟通的我们，无论是采取直接攻击，用语言、肢体暴力去伤害对方，还是采取消极攻击，用沉默、避而不见、漠视来逃避问题，都是在扼杀一份成长中的情感。

其实，争吵除了有助于恋人整合双方的价值观，从潜意识的层面探索，这里面还蕴含另外一种可能性，也就是争吵有时候是证明"对方是否还爱我"的方式之一。

由于恋人在相处一段时间后，认识差不多了，吸引力正逐渐消失，情感可能出现疲乏状态，这时候很需要一些刺激或测试，来探知对方是否还在意自己。于是，有时候开开玩笑，有时候故意斗斗嘴，有时候来点反常的行为，争端就会出现了。

　　做一个聪明而细心的恋人，碰到有争端时，不妨换个念头而感到高兴地对自己说："我们终于吵架了。"

　　因为经过权力抗争期的阶段，我们才有机会看清楚两个人真实的相处状况，也唯有在这个阶段学习去沟通、整合和成长，才有可能找到两全其美的相处方式。接下来，我们就有机会进入第三阶段的和谐期了。

当你决定离去

我们一生中，可能碰到过爱人不明不白地决定离去的情形。不论对方是翻脸不认人，还是避而不见，还是杳无音讯，多少都带给我们一种遗憾和伤痛。因为没有人期望一开始甜蜜亲昵的感情最终走向分离。

假如我们是决定要离去的那一方，心中多少也有些矛盾。情感上，毕竟共同走过一段路，不能说毫无感觉；理智上，又觉得彼此不适合，实在不宜继续耗下去。在这样的关键时刻，有的人处理起来是绝情绝义，说走就走，让对方全无招架余地；有的人则是话不说清楚，彼此拖拖拉拉。

假如我们是决定要离去的那一方，该如何处理比较好呢？以下是我的建议。

一、继续维护对方的自尊心

通常被要求分离的一方，在心理上多少会受到打击，以为自己做错什么，或是以为自己条件不够好。其实，只是爱情路上有了另外的选择，并没有谁是谁非。所以，开口表明要离去的我们，切忌在看到对方闹情绪后就表现出嫌恶和斥责。因为，换作是我们被要求分离，我们也会需要一段时间来调整。

二、"对人"或"对事"的分别说明

有时候，对方一时不能接受，会要求重修旧好，甚至用生命威胁。在处理这种情况时，我们尽可能让对方明白——"就人论人"，对方仍是有他独特的优点和气质；"就事论事"，这段情感路，自己有了另外的决定。切忌让对方有"就人论事"的错觉，一直陷在自我谴责、自我贬低的情绪低潮。

三、保留可以讨论的机会

想想，彼此过去有互相欣赏的地方，如今，不能做恋人，至少仍可以继续做朋友。因此，决定离去的我们不如把"分手"的定义从"离去"调整为"关系改变"。

让双方有表达感受、看清事实和尊重对方选择的缓冲时期。

四、快乐分手七招式

谈到分手，仿佛就和眼泪、愤怒、恐惧画上了等号。其实分手也可以是快快乐乐，彼此祝福的。

（一）嗅觉要灵敏

假如对方经常爽约，言辞闪烁，眼睛不敢正视我们，这已经是分手的前兆，我们当然不会傻到等对方提出分手，才懊恼地自问："为什么?"

（二）提前评估

平日养成评估双方相处状况的习惯，如果对方是个不错的对象，那么注意调整相处的技巧和态度，如果对方是不敢承担承诺和责任的人，那么趁早收山吧！

（三）反问对方

如果对方在我们心里没有防备下提出分手，我们的表情、言辞千万不要掉入"哀求"的位置。否则更证明他的决定是正确的，因为没有人喜欢长期和一位"自贬"的对象相处。一个看不到自己好的人，又如何在性别关系上取得自尊和平衡呢？这时最好的反应是反问对方："这是你心里最想要的选择吗？"

然后冷静聆听。

（四）祝福对方

如果是我们主动提出分手，请告诉对方，我们很欣赏他的那些优点，只是彼此不合适；同时祝福对方，大家仍像朋友，可互相通话，彼此关照。

（五）远离电话

乍然分手，听到电话铃声自然是既期待又怕受伤害，这时不妨强迫自己多外出找朋友聊天游玩，或安排新的学习课程等。

（六）重回交际圈

根据这次分手的前因后果，吸取其中经验，更清楚自己想要的是什么对象，再度走回交际圈。

（七）更爱自己

不论有没有恋人，不论要不要分手，看重自己、欣赏自己一直是我们生命中身心宁静喜悦的源泉。

如果把快乐与否、可爱与否的主权交给对方，生命的跷跷板一定会失去平衡，所以就算是真的面临分手，也要勇敢地恭喜自己，又有更大的成长空间了！

选择继续爱他

通常，当我们被告知"我不爱你，我不想和你继续往来""我们彼此不适合，相信你会找到更合适的人"时，我们往往会有挫败、失望，甚至愤怒的感觉。总觉得我们也没做错什么，可是为何被拒绝呢？

在这个关键时刻，我们之所以会不开心，有一种可能是：我们以为对方不爱我们，我们也就不可以爱对方了。

事实上，对方爱不爱是一回事，我们爱不爱又是一回事，对方不爱是对方的决定，假如我们真的爱上一个人，并不是由对方来决定我们可不可以爱他的。就算是分道扬镳了，双方最终无法在一起，但是，以真正的爱情发展来说，这份爱仍然可以存在。

因为爱与不爱不是一转身就可以改变，爱是一种情愫状态，至少也是两人历经默契相处、心灵交契的过程而逐步形成。

一位自觉在情场失意的小姐来咨询面谈时，谈及了被迫分手的无奈和痛苦。她说："哪有这样说断就断的人，也不想想我们两个人交往多久了？"

这世上确实有些人处理事情的方式让我们难堪和难过。然而，如果我们真的一时放不下对方，何不让自己多一个选择呢？

"你还爱他吗?"我问面前忧郁难过的她。

她点点头。

"如果还爱他，有没有让双方都舒服的方法?"

是的，这是一个微妙的时刻，通常我们在被拒绝时，会立刻采取激烈的反弹，而选择了生气、愤怒，甚至恨意，事实上，我们也可以有另外一个选择——选择继续爱对方，同时在尊重对方选择的分开状态下，觉察、探知两个人之间的相处症结。以爱的态度来探知，绝对比用恨的态度来探知更有收获。

再找一个新的恋人?

对于失恋的人，最快速的治疗方式是再找一个新的恋人。

然而，懂得爱自己的人却不急于在爱情路上奔波，因为失去爱人，还不至于失去人生，我们不妨从跌倒的地方去探索，生命的核心哪里出了状况?

有一位接受心理咨询的小姐提及:"我一直以为自己调整得很好，在一个周末夜晚，我和几位好友在闹区逛街，迎面正巧见到以前的男友和他现在的女友亲亲热热地走在一起，那种感觉真的很难形容，是既嫉妒，又痛苦，还有愤恨……后来，我连招呼也没打，就这样落荒而逃了。"

这个难以处理的关键在哪里?

由于我们一向有个习惯，把信心、快乐建筑在别人身上，尤其是我们深爱的人，我们依赖对方的关注、赞美来肯定自己。这个模式和我们渴望父母的接纳、支持是相似的。一旦这个"依赖别人来肯定自己"的频道被切断，内心世界的分裂、痛苦就可见一斑了。也可以说，我们的信心面临了被贬损的打击。

在此，我们也无须去自责依赖成性的习性，因为这个部分，除了我们自己有责任，父母和周遭的相关人士多少都有些关系。现在如何深入生命的核心去觉察、去调整才是重点。在此，我提供三则省思的功课，且让我们向自己的内在世界找答案吧！

（一）失去爱人，我们就觉得失落，是不是我们利用了爱人来逃避内心的寂寞呢？

（二）依赖带来了恐惧，因为我们心里不踏实，为了逃避恐惧，于是我们想尽办法去占有，接着又衍生了嫉妒、猜疑、冲突，这种关系会带来快乐吗？

（三）如果说失恋让我们悲伤痛苦，我们是不是要感激那个离去的爱人，因为他帮助了我们找出隐藏在生命核心的问题，让我们看到了更真实的自己。

寄生之爱

1加1等于多少?

多数人一听到这个问题,马上回答:"2"。

没错!在数学领域里,标准答案是"2",可是在恋爱的领域,1加1却呈现了多样的答案。

第一个可能的答案是"1",为什么呢?

因为在两个恋人相处的过程里,如果其中有一方表现出依赖的现象,把自己这一方的"1"显现了附着的习性,结果三分之一的个人兴趣、爱好隐没了,三分之一的朋友圈减少了,三分之一的人生目标也不见了,完全"寄生"在恋人身上,就会产生了"1加1等于1"的相处模式。

第二个可能的答案是"0",为什么呢?

因为如果恋人之间感情交恶,互相攻击、排斥,以致两个人的健康、能量、财富、人际关系等处在互相减耗的过程中,那么结果就会产生"1加1等于0"的相处模式。

第三个可能的答案是"1加1",为什么说"1加1等于1加1"呢?

因为这一对恋人如果有各自的生活圈、相异的生活乐趣,或不同的价值观，除了彼此尊重和信任之外，也有共享的时刻，也有一起成长的学习，也有互相带动的机会，这时在相处上呈现的是"有一点黏又不会太黏"、两人的关系是"亲密又独立"，各自的"1"就有了活泼、愉悦的显现，因此"1加1还是等于1加1"。没有人在这相爱的过程把自己的兴趣、潜能、个性特质或人生目标给抹杀掉了。

说起来，"1加1等于1加1"是理想的、愉悦的、平等的相处关系，但是，年轻气盛的爱情伴侣很少一开始就能做到如此和谐、敬重的关系。

在我见识到或辅导过的爱情关系里，最多的是寄生之爱。

寄生之爱是指当我们初坠情网时，紧紧攀附在一份感觉上，紧紧抓着一个所谓的恋人不放，我们深刻感受到内在灵魂得到联结，得到释放，我们没想到这可能只是一种暂时寄生的状况，我们是借着别人和我们的相处来滋养内心的空虚，依赖别人的看重来建立自我认同。

我们可能从媒体听到一对恋人互许承诺说："没有你我活不下去，这一生我们将永不分离。"

我们可能自己也对恋人说过："这一生多么庆幸碰到你，让我每一天都过得好快乐。"

这里面都隐藏了一些相处的危机。当我们依赖另一个人的存活来感受自己的存活时，当我们借重别人的力量来支撑自己时，只要对方有一点风吹草动，我们恐怕就要摇摇欲坠了。

最好的方式还是建立个人生命的滋养系统，发掘自己的力量泉源，也就是和恋人的相处，不只是"要求"而无法"给予"。学习提供养分，以自由、平等的方式和对方的滋养系统互相输出输入。

万一有一天对方切断输送管道，我们仍可毫无惧怕地自给自足。

　　读者朋友们，想想看，你希望两人的相处模式是"1加1"等于

多少呢？

这是你要的爱吗

相爱的人通常有比较多相近的价值观，然而，对价值观的诠释，两人是否完全相近呢？

这个答案是："不尽相同！"

这也是为什么两个人在彼此强烈吸引后，隔了一段时日，开始会有些意见或分歧的原因。

有一回，一对恋人同时指出"爱"是他们目前人生重要的价值观之一，接着当我问道："对方如何和你相处，会让你有被爱的感觉呢？"

女方回答："对我体贴一点！"

这时我问男方："她希望你对她体贴一点，你知道该怎么做吗？"

"就是对她好一点吧！"男方笑着，俏皮地回答。

"什么叫作'对她好一点'？"

我希望他的定义可以再更具体一点。

"就是不要惹她生气！"

听了男方的回答，我请教女方："他说'不要惹你生气就是体贴的表现'，这是你要的'爱'吗？"

女方迅速地摇摇头。

这时，不仅男方惊讶而且有点尴尬地搔着头，现场听众们也发出了讶异和关怀的笑声。

"那么，请问你的'体贴'的定义是什么呢?"

我转身请教女方。

她有点害羞又鼓足勇气说："只要我说话时能专心地听，不要一边滑手机或看电视，这就是'爱'的表现了。"

对了，就是这么简单，真正"爱"的相处是要具体地、清楚地明白对方需要什么，同样地也要让对方具体地、清楚地明白我们需要什么，万一捉摸不清，请勇敢地互相对问："我具体怎么做，会让你有被'爱'的感觉?"

Practice A 恰到好处的情绪化

1. 爱情发展过程中，男性常突然打住，是受到哪四大因素影响？

2. 爱上对方，其实是爱上自己的需要、优点和感觉吗？

3. "真爱需要等待。"你能否不去勉强爱人？

4. 感觉上和生活上，你和爱人之间有足够的空间吗？

5. 你能做对百分之二十的距离管理，让爱人和你有百分之八十的亲密感吗？

6. 你重视和爱人建立信任默契，让爱情长久吗？

7. 你会为了拴住一个人而给出大量的"性"吗？

8. 像"工具人"般的备胎情人，你懂得全身而退吗？

9. 当对方劈腿时，你会先求助辅导，再做出处理吗？

10. 爱人转身离去时，你能学习看到自己的好，并祝福对方吗？

Practice B 自我省思

恋爱情商上，我做对的是：

_____

_____

_____

_____

_____

_____

我需要修正的是：

_____

_____

_____

_____

_____

_____

_____

亲人相处篇

碰到犯错儿女，
给他机会调整

静谧的午夜里，突然传来附近不知哪家邻居争吵的声音，明显是一位盛怒中的妈妈，正在毫不留情地责骂孩子。她骂孩子为何马上就要考试了还不好好念书，还这样赖在床上睡觉……她的怒气、她的声量在隔了好几间屋子远的我听来，都快要被激恼了，不知道在她眼前的孩子是如何面对的？

是缩在角落，敢怒不敢言？是装聋作哑，视而不见？还是捏紧拳头，正在怒目相视？由于一直没有听到回应的声音，所以我不明白这个孩子的真正感受。

是的，父母的声音、父母的眼神、父母的情绪和父母的决定都在不知不觉中影响着孩子的成长。

一、晴时多云偶阵雨的父母

想要探究父母的"情绪原点"，必须要从自我探索做起。一位经常发脾气的爸爸，或是一位经常暗自垂泪的妈妈，都代表着成长历程中遭遇了一些挫折、伤痛。

有一回，在演讲过程中，一位爸爸坦诚地说出了心中的痛苦和矛盾。他说："看到孩子不听话，常忍不住地大声责骂，可是骂完了，看到孩子很伤心或愤怒的样子，我又觉得自己为何不稍微忍耐一下呢？为什么要把家庭气氛弄成这么糟呢？"

通过对原生家庭进行探索，他把自己小时候的家人关系图排出来，才发现从他有记忆以来，"爸爸"就是一个很遥远的人物，而且指头常指向他、怒斥他。可见他从小是带着怒气长大的，等到自己组成家庭时，如果没有觉察并改进父亲对他的影响，那么父亲教养孩子的模式有可能继续延伸下去。

在管教子女时，我们也常看见有的父母用"晴时多云偶阵雨"的方式和子女相处：情绪不好的时候责骂说教；情绪好的时候，则拼命地补偿孩子。像这样，孩子看不清楚父母的原则，很容易任意行事，要不就是无所适从。

在此，我们要鼓励所有的父母，如果我们渴望教养出自动自发、人格正常发展的孩子，在面对孩子的行为举止、功课成绩或交友情形时，不要使用带负面情绪的批判言辞，比如说："你总是交那些不三不四的朋友""你为什么变得这样不听话"或是"你上课一定没有认真听课，所以才会退步"。

在发脾气前，我们不妨先按捺十分钟，暂离现场，并且先告诉孩子："等一下，我们好好谈！"

这时，让自己的情绪做转移调整，例如听一首音乐、和好友聊一下或翻阅书籍等，再问自己："怎么样告诉孩子会更有效？"

相信经过十分钟左右的冷静调适，我们再面对孩子时，会找到更好的行动来引导对方。

如果把父母分成大于型（权威型）、小于型（讨好子女型）、等于型（朋友型）和大于等于型（亦师亦友型）四种类型，可以说，权威型的父母比较容易引爆负面情绪。原因是权威型的父母自认为对孩子好，子女凡事应对其言听计从，然而他们没想到或是一直不能适应"孩子也有自我主张、自我意识"的时刻，以致双方容易引起冲突。

有一句话是这样说的："一个做父母的如果不容许孩子犯错，这个父母本身就犯错了。"

说的也是，哪有一个孩子打从出生后就从来不犯错的呢？最重要的是，在孩子犯错的时候，父母是否能自我调整情绪，重新信任自己的孩子，大家相伴而行来共度人生的各种关卡。

二、如果孩子把本子丢给你

"孩子不听管教，该怎么办？"

演讲会场上，一位忧心的妈妈问道。

"请举例说明他如何不听管教。"这时，我请她缩小范围来看待问题。

她说："昨天晚上，孩子把电话本丢向他爸爸，结果被他爸爸打了。"

是的，看起来仿佛是孩子不对，电话本应该是用拿的，怎么变成用"丢"的呢？

然而，换另外一个角度来看，孩子没有按常理行事，这表示他心里有不舒服的情绪，正想找个机会发泄呢！

"在这件事之前还有发生过什么事吗?"

这位妈妈想了想,忽然恍然大悟地说:"啊!我知道了,我想想,最早是他爸爸昨天回到家,心情不好,看到孩子正在跳沙发,于是把孩子骂了一顿,接下来,孩子不肯好好吃晚餐,功课也有一搭没一搭地做着,到最后就是电话本飞出去了。"

事出有因啊!

如果我们只处理"丢本子"的事,这是"治尾"未"治首"。最好人人都重视家庭的情绪教育,愿意找对时机来引导孩子看到自己的情绪走向。

例如,在引导这位"丢本子"的孩子时,以正面问句追溯到他"不想做功课",到"晚餐没胃口",到"跳沙发被骂",同时再问他:"下次该怎么处理会更好?"

这样,孩子才能在这一次"丢本子"的事件中,学会如何进行自我情绪管理。

"丢本子"事件中的爸爸同样需要正视自己的情绪走向,千万不要把在办公室里产生的情绪带回家中。

他最好问自己:"关于这件事,我和孩子该如何说出各自的感受?"

还有:"下次我该怎么处理会更好?"

这样一来,孩子将会从大人身上得到最好的情商教育。

碰到异类儿女，
给他关心引导

"怎么办？我的孩子做奸商了！"

一位不断成长的新好妈妈，有一天发现儿子竟然拿着漫画书到学校租给同学看，每一本是两元。

"请问你当时如何处理的呢？"

"我马上制止孩子，让他不要这样做，他也答应了，后来学校老师又打电话来，说孩子拿游戏光盘去租，每一张光盘五元，一星期内要还……"

"孩子有没有偷盗恐吓的行为？孩子有没有犯法？"

这位妈妈想了想，然后摇摇头地说："还不至于……"

"其实换个角度来看，你的孩子还是很有生意头脑的，懂得赚钱。然而，他目前还在学习阶段，最好单纯地专注于为人处世和课业的学习，所以，让我们来关心更重要的一个关键问题，那就是——在这个买卖行为背后的动机究竟是什么？是孩子想取宠于同学，是为了证明自己有办法，还是因为他缺钱用？"

"哦！我知道了，前一阵子他一直吵着要零用钱，我想他才小学三年级，吃的、穿的和用的他都不缺，何必要什么零用钱呢？"

我的建议是："孩子会有买卖行为，表示他需要个人能运用的钱，如果能提供适量的零花钱，让他学习如何去做预算和储蓄，相信他会学到更正确的使用金钱的方法，你愿意给孩子一个提早学习的机会吗？"

"当然愿意！"

这位新好妈妈立刻毫不迟疑地点点头。

他的动作慢吞吞

眼看上学出门的时间快到了，孩子还在慢条斯理地刷牙、洗脸。

眼看就寝的时间快到了，孩子还东摸摸、西碰碰，毫无睡意。

眼看……对了，问题就出在眼看，大多数父母看不惯孩子慢吞吞的样子，于是东催西促的。结果孩子根本没有听到，全家气氛僵化，自己的情绪也被搞砸了。

被孩子慢吞吞的性子所困扰的父母，不妨问问自己："我是不是性子急的人？"

如果"是"，今后不妨练习不再替孩子做决定。通常我们决定孩子起床的时间，决定孩子吃早餐的速度，决定孩子该出门的时间，决定孩子该洗澡的时间，决定孩子该做功课的时间，于是那个被决定行程的孩子的动作越来越慢。因为他的心里有不满，他的行为有惰性，反正到时候有人像闹钟般地准时催促，最后，在日常生活中自动自发的能力就逐渐被磨损了。

有一位母亲当初也是因为儿子动作慢而产生了强烈的挫折感。

有一天，她因为重感冒而躺在床上，连起床的力气都没有了，更不要说是催促儿子了。结果她发现儿子动作虽然是慢了点，但还是完成了所有动作。她领悟到，孩子和她的生命韵律不一样，她不需要用自己的速度去要求他。

如果说到这里，我们做父母的还在担心：

"可是不催促孩子，他迟到了会被老师骂！"

"如果不催促，孩子做不完功课怎么办？"

…………

让我们想清楚吧！我们怎么不知不觉地把孩子的责任揽到我们大人的身上了呢？

碰到受挫儿女，
给他成长助力

一位正积极成长的新好爸爸提及，他最近一直鼓励女儿参加钢琴比赛，没想到女儿的反应却是摇摇头，然后一副很害怕失败的样子，这点让他很失望。

其实，害怕失败、害怕挫折是人类共同的反应，探索其中原因，除了失败这件事让人感到不舒服之外，更重要的是周遭人士对我们失败的负面反应令我们压力重重。

当时，我和这位新好爸爸做角色扮演，我当女儿，就由他演练自己。然后接下来，我这个"女儿"就感受到，爸爸虽然是好意，但是一直运用强力说服的字眼，让我有口难言，有些话都没机会表达，后来我就干脆免开尊口了。难怪他在和真正的女儿沟通时会有挫折感。

在角色扮演过程中，这位新好爸爸终于明白了——不能急着说服女儿参加比赛，最好也让女儿有机会把心中真正的感受说出来。同时，爸爸还可以想些其他点子，让孩子有培养信心的机会。

在演讲会中，还有一些其他新好爸爸提供了很多好方法，例如：

第一，告诉孩子，不管有没有得奖，只要她参加了，爸爸会准备一份礼物送给她。

第二，平时就邀请孩子参加儿童的音乐演奏会，让她有实地观摩的经验。

第三，邀请钢琴老师共同举办家庭式音乐演奏会，让孩子从小场面开始培养信心。

总之，让孩子决定是否参加比赛时，不要因为"大人要"而让他勉为其难地答应，最好是他个人决定"我要"。这样一来，孩子进入比赛会场后也就更有动力了。

如果受不了挫折

有些父母会担心孩子从小就碰到挫折，对他的人生观会有影响。

事实上，过度地保护孩子，会让孩子缺乏应对挫折和困难的能力，反而可能造成他往后的人生面临更大的挫折。有时候，适度的挫折是孩子成长的助力。

那么，什么是适度的挫折呢？例如：

和兄弟姐妹有争吵的时候。

学校的考试不理想的时候。

参加升学考试落榜的时候。

和同学相处有了误会的时候。

老师交代的事情不易达成的时候。

零用钱处理不当的时候。

父母有时候甚至要创造机会，让孩子感受到什么叫作挫折的滋味。譬如：拒绝孩子延后回家的时间、对做家务不讨价还价、对孩子实践自己承诺的要求等。

　　总之，孩子面对挫折时，最重要的是父母在此时此刻的态度。如果我们冷嘲热讽或漠不关心，将加深孩子"我很差劲""我就是做不到"的无力感。此时也无须过度嘘寒问暖，让孩子误以为"只要我有问题，就能引起爸妈的注意"。

　　当父母发现孩子反常地躲着家人不吭声，或是动辄得咎、异常暴怒，或是问些不寻常的问题时，我们需要立刻放下手边的工作，观察或询问孩子的状况。

　　我们可以做的事情：

　　保留孩子自我思考如何处理挫折的空间。

　　当孩子渴望被支持时，我们关怀的言语、态度要适时出现。

碰到强势婆婆，
给她软钉子

眼前是一位约三十岁的年轻妈妈，她带着一个小男孩来听亲子讲座，会后问的问题，让我吃了一惊。

让我想不透的是，什么年代了，提到婆婆，她竟然身体微微发抖。当时接近正午，阳光照在她的脸庞上，我从她脸上看到了不安的表情。

"我帮婆婆买咖啡，到了家，她却说怎么没放奶精和糖，我说我再去买一杯，她更生气地骂我连这一点小事都做不好。"

媳妇说的时候，一直自认犯错，对不起婆婆，显得手足无措。

"慢点，第一杯送到手时，婆婆向你说谢谢了吗?"我实在看不下去，想要点醒这位媳妇。

"没有。"媳妇摇摇头。

"是婆婆给钱让你去买的吗?"

媳妇又摇摇头。

"婆婆是和你私下里说的这番话吗?

第三次摇摇头。

现代社会，多数家庭是婆媳分住，过年过节见面，大家客客气气，友好寒暄；像这位媳妇是三代同堂，老公游手好闲，给了婆婆一个机会，常找借口责怪媳妇。

这位媳妇为了照顾儿子，没有外出工作，仿佛寄人篱下，成了婆婆的"眼中钉"。

"做人家的媳妇要自强，你不要忍气吞声、偷偷掉泪，否则只会让婆婆更看不起你，也给孩子树立了坏榜样。"

接着，从情绪管理的角度，我给了她两项建议。

一、短期规划

当婆婆语带威胁、不尊重人时，一定要练习勇敢回答：

"妈，下次你自己去买，绝不会弄错哦！"

"妈，要不要拿家里的牛奶和糖搅拌一下？"

"妈，你这样说，我下次不敢帮你买了。"

类似这种语句，不是反击，不是委屈，而是人际相处时，互相尊重的你来我往。若不出声，只会宠坏婆婆；若大声骂回去，则会两败俱伤。我们要通过练习提醒婆婆，要把媳妇当作"人"，而不是"下人"，给婆婆软钉子。

二、长期规划

婆媳关系很微妙。传统社会里，女方家族有钱有势，通常在夫家可以站稳位置；现代社会里，媳妇做一个有本事的人，至少有一技之长，才不至于被婆家看扁。

小男孩拉着年轻妈妈，吵着肚子饿，所以我把话讲得简单扼要，让这位媳妇为自己找出一条生路，我说："孩子正在慢慢长大，你一定要规划有收入的工作，过一个有尊严的人生。"

她点点头，牵着儿子往校门口走，还不时频频回头，并且真心诚意地说："谢谢!"

碰到霸道老公，
给他反省空间

过节，家人聚餐，说说笑笑之际，电视新闻正报道托业考试放错录音带事件，二儿子兴致来了，他问："有人想听我说托业考试吗?"

我们当然想听，不料老公竟摇头大声说："不听。"

当场傻眼了，二儿子的孩子也在现场，他们要怎么想自己的老爸被爷爷拒绝?

为了缓和气氛，我立刻说："托业考试是怎么一回事?"

接着，家人就你一言，我一语地讨论起来。

我丈夫是一个顾家负责的人，从小成绩很不错，工作表现优越，自视脑袋聪明的他，对家人却缺乏耐心。

年轻嫁给他时，他常说："你很笨，连这个都不懂。"

有一段时间，我真的以为自己很笨，什么事都做不好，情绪因而起伏不定。

在自我探索，找回自信的过程中，我逐步厘清"我并不笨，我只是不一样"，更重要的发现是"所谓情绪化的我，并不是丈夫所说的小鼻子小眼睛的人，我只是需要时间、空间调整一下自己"。

当夫妻关系陷在男强女弱的状况里，为什么他都是对的，我都是错的？

争争吵吵多年后，我已经从"自我否定"走向"自我膨胀"，接着走向"自我肯定"的阶段，我们的夫妻关系也有了很好的改善。

不再用哭哭啼啼，或大声对吵的方式处理我的情绪，我已通过成长学会用成熟的方式处理自己的情绪。所谓的成熟，就是当对方犯错或说重话时，我们并没有心里受伤害的感觉，反而懂得用对方法去带动彼此成长。

············

冷静两天后，那天起床时，我看到丈夫正在熨衣服，家中两个孙子均已上学，儿媳妇去上班，儿子有事外出，这样的两人独处时刻正是沟通的好时机。

"老公，谢谢你对这个家庭尽责、照顾，不过那天家人聚餐时，你立刻反应说'不听'，让大家很尴尬，家人之间需要互相鼓励肯定，尤其对自家儿子更是要乐意听听他的想法。别忘了，你的孙子正在旁边学习。"

拿着熨斗的他，瞄准长裤的边线很精准地烫过去，而我早已学会建设性表达，绝不侮辱人格，只是就事论事地发言。

丈夫可能感受到了我的诚意，他没有任何反驳，只是静静地听着。

不到一分钟，儿子买了牛奶回家，正在刷牙的我听到丈夫好言好语地和儿子打招呼："早安！"

我发现，夫妻之间，若要影响对方用对方法和家人相处，需要自身学习冷静和关心。

　　以前，我常用情绪反弹和追根究底的方式，在丈夫的身上找缺点和不足，结果往往弄巧成拙，弄得彼此几乎反目成仇。

　　如今，我用"给他反省空间和时间"的方法，让他有自行省思的机会，果然再霸道的人，都愿意听听老婆说些什么了。

碰到好强老婆，
对她好言相劝

刚进家门，就听到老婆大声骂女儿的声音。

"你们老师是怎么教你的！回到家，饭盒不会自己洗吗？功课呢？你没有作业要写吗？只会看电视啊？"

听到老婆几近歇斯底里的怒吼，哲义说："本来好好的心情也被激怒了。"

才小学五年级的女儿一脸无辜地跑来寻求安慰，老婆又骂她："你的前世情人回来了啊？你不要以为有靠山！"

哲义和老婆在大学是同系同班，两人相恋结婚，婚后她进入一所初中担任教师，哲义当完兵后进到一家化学公司从小职员做到业务部经理。

夫妻俩只有一个女儿，不知道为什么老婆从女儿小时候就把她盯得很紧，哲义常想着：是老婆个人性格上力求完美所致？是因为学校老师竞争心比较强？还是女儿真的个性懒散，必须督促？抑或是她工作劳累，口不择言？

百思不得其解，又期待改善家庭关系的哲义接受咨询时，他首先致歉："本来希望老婆一起来，结果今天早上她说是我有问题，她没问题。所以，她不肯来。"

一脸尴尬的哲义坐定后，我们打开了话匣。

我从他老婆原生家庭抽丝剥茧，找到了一个可能的关键。军人家庭出身的老婆，爸爸长年在外，妈妈为了照顾四个儿女，常用大呼小叫的方式进行管教，加上老婆排行第三，不如两个姐姐优秀，也不如小弟得宠，因此养成了处处好强的个性。

"吴老师，我想到了，我老婆常把女儿拿来和她姐姐的孩子比较，总认为输人不输阵。女儿从小练钢琴、学游泳、上英语课，每天忙得团团转。我只要劝她，她就怪我是要女儿输在起跑点上，然后每天对女儿催来催去，节假日更忙。"

这时，我建议哲义和老婆相处，不要站错边，因为他越是站在女儿那一边，老婆越急越气，对女儿责骂得越厉害。

"咦？原来如此！"

哲义弄懂了夫妻相处的艺术。

"和女儿最近的距离需要通过你老婆。请多给你老婆情绪上的理解和支持，明白她从小'孤立无援'的感觉，用同理心的口吻回应她。当她说女儿没洗饭盒时，你要立刻说：'对！听妈妈的话，赶快去洗。'

"当她担心女儿写作业不认真，你可以问老婆：'我们给女儿一个游戏规则，好吗？'"

哲义听到这里，若有所悟地说："老师说的还真对，我是有问题，我常因为她对女儿太凶而跟她吵架，我越生气，她就对女儿管得越严。"

　　"没有人有绝对的对错，大家都是好意，只是弄错了方向。记得回去多给你老婆一点情绪上的支持和引导，你的好言相劝就会有好的效果了。"

　　在咨询结束后，哲义完全理解了夫妻相处的个中微妙，准备回家发挥一个做丈夫、做爸爸最有效的引导作用了。

碰到冷漠老爸，
给他更多温暖

在情绪管理的课程中，正伦举起手问："我可能改变我老爸吗？"

正伦半工半读念到大学三年级，每天不是在打工就是在看书，像是永不停止的陀螺，转个不停。"如果得到老爸肯定，一切还有意义，可是我老爸就是冷眼旁观，不说鼓励的话，还会泼冷水。"

正伦希望能改善父子关系，可是按照妈妈的说法："他就是这副德行，我跟他二十多年了，我还不了解他吗？"

好吧！既然妈妈如此肯定，正伦也不抱希望，不过每天进门出门，大家总会打照面，正伦能闪则闪。

有一天，正伦鼓起勇气，请教老爸："如果我要考研究生，家里可以提供一部分学费吗？"

当时，老爸正在客厅，刚吃过中饭，时间点应该不错。不料，正伦刚开口，老爸就对他挥手说："去跟你妈要，不要找我，我没钱。"

正伦看到老爸说完，拿起手机又滑呀滑的，完全不把他的话放在心里。心灰意冷之际，正伦头也不回地跑出家门。他气极了，哪有这种爸爸，只会生不会养，也不懂得支持。

在家庭序位的排列过程中，代表正伦爸爸的角色离他至少二十步之远。接着我请正伦找出一位男同学代表爷爷，一位女同学代表奶奶，看看他们和爸爸所站的距离有多远。

霎时之间，正伦看懂了。原来爷爷奶奶早逝，爸爸由大姑带大，也只能求温饱，没有什么精神支柱。爸爸从小到钟表店当小学徒，赚钱是一分一毛积存的。

"我老爸从小没念过书，只能做小学徒，三十年后才有一间小小的钟表店，难怪他对钱很看重，对人不懂得表达感情。"正伦把从小到大看到的爸爸串出了生命的真相。

正伦是个热心助人的大学生，平日功课再忙，打工再累，他还是会和慈幼社同学到社区帮小朋友做课后辅导。

他当着现场听众说："我一直活在一个迷思之中，认定老爸应该照顾我，对我好，这么多年了，我很不满意他的冷漠、他的排斥，如今，我想我应该转换角色了。"

这时我说："与其陷在僵局里，倒不如换个方式，练习做爸爸的爸爸，教他怎么做爸爸，你们的关系才有机会调整。"

没错，我鼓励正伦，千万不要长期闷在"爸爸不改，我又能如何"的影子里，当你跳出这种负面的思维模式，才能站到比较高一点的位置，体谅老爸的自我保护和缺乏同情，然后开始给出一点一滴的关心和分享。

"想象你老爸是社区教室的小学生，你的口气会不会多一点善意？你的教法会不会多一点变化？还有，鼓励他回应时，会不会多一点耐心？"我如此提醒他。

谈到这里，正伦很开心地反馈："原来我还有新的角色和老爸相处，他的冷漠是因为从小得不到关心、理解，难怪他给不出爱；那就反过来，由我来做爸爸的爸爸，教他怎么做爸爸……"

正伦一边念"做爸爸的爸爸，教他怎么做爸爸"，一边回到座位上，这时，会场的听众立刻给予他热烈的掌声。

碰到软弱老妈，
让她硬起来

晓珊看到妈妈照顾爸爸的方式，可以用"气愤难当"来形容。已经什么时代了，妈妈总是蹲在鞋柜旁帮爸爸擦亮皮鞋；早餐也是丰盛得很，又是蛋，又是营养汤，爸爸喝剩下的，妈妈加点开水，再喝下口。

"妈，你为什么不对自己好一点，你也打一杯自己喝呀！"晓珊抗议了。

"哎呀，你不懂，你爸爸整天在外奔波，要多一点营养。"妈妈轻声细语地说。

高中二年级的晓珊偏不懂这其中的逻辑，她追问："妈，那你每天到不同的人家去打扫，你就不累吗？"

通常，这时候的妈妈是不回应的，推说："你不懂啦！赶快吃你的早餐，上学去！"

最近，小弟在学校惹了麻烦，妈妈一脸愁苦，因为老师要家长到学校面谈。妈妈一向拙于表达，只会赔不是。她也不敢告诉爸爸。

"妈，上周五校庆，今天星期一补假，我可以陪你去。"晓珊想帮妈妈壮胆。

到学校，听到老师转述，晓珊越听越不对劲。如果按照小弟班主任黄老师的说法，初中一年级的小弟和同学打闹时，推了对方一把，导致同学摔倒而右手骨折，不但要赔偿医药费，还要面临校方的记过处置，那位同学却全身而退，完全没事。

对方的家长也来了，他们看起来就是一对在商场历练丰富的夫妻，他们咄咄逼人的模样，让妈妈像缩头乌龟，一句话都不敢吭。

小弟躲在妈妈身旁，平日调皮捣蛋，如今也噤声不语，校长和黄老师则是努力平息那对富商夫妻的情绪。

校长室里，最轻松的人应该是那位右手包扎着绷带，一副看好戏的同学。

看到妈妈在众人面前唯唯诺诺的模样，晓珊不知从哪儿来的勇气，她大声地说："暂停，请大家先不要讨论赔偿和记过，请问这位同学在我弟弟推他之前，他说了什么话？做了什么事？"

晓珊讲话铿锵有力，全场都被震住了。这时，小弟趁着大姐的威势，小声地挤出一句话："他们都没有问我。"

一时之间，局势扭转，因为大家的眼神望向小弟，而那位同学开始局促不安，只见他的妈妈眼神严厉地斜射着自己的儿子。

"凯达，你说清楚当时发生了什么事？"晓珊身为晚辈，但在这样节骨眼上，爸爸没出场，她总要为自己家人据理力争。

说着，说着，大家终于弄清楚，原来是同学在午休前拉开前座小弟的椅子，害小弟差一点坐空摔倒。

小弟很生气地回问："你想干吗？"

同学回了一句骂人的话。

小弟一听，更生气地说："放尊重点。"同时用力推同学一把，就是这样演变为同学右手骨折了。

"为什么上礼拜五你不照实说呢？"个头高大的黄老师拿出手帕，不停擦着额头的汗水。

小弟从妈妈的身旁露出清晰的脸说："没有人听我说。"只见妈妈这时涨红了脸，想替儿子争辩又不知如何开口。

晓珊鼓起勇气，面对校长（一位明理公正的女性校长）说："这件事希望校长重新认定谁是谁非，我们家小弟犯的错，我们家也会负责。"

返家的公交车上，晓珊的妈妈盯着她的脸说："女儿，你很棒！"晓珊则握住妈妈的手说："妈妈，是你教得好，我们要硬起来。"

碰到唠叨爸妈，
勇敢表达自己的想法

有一回，在演说现场，一位高二女学生垂头丧气，整个人的样子就是不开心。我请她上台做沟通演练（找对时间、找对地方、找对人、说对的话）。

所谓说对的话，就是讲出感觉和说出需要。在我的慢慢引导下，高二女学生终于说出心中苦闷的原因。她说："爸爸要求我考前三名，这对我而言是有困难的，我的压力很大。"

至于要如何和爸爸说出自己的需要，由于过去都是"你说我听"的沟通模式，如今要讲出自己的需要，改用"我说你听"的方式来相处，高二女学生迟疑了。

"爸爸，希望你给我鼓励，不要用名次来要求我，好吗?"高二女学生终于学会如何去和爸爸沟通。说到这里时，全场听众都给出最热烈的掌声。

女学生的妈妈就坐在一旁，她说："老公自己念书时也考不到前三名，现在却要求女儿做到，这让她压力很大。"

一、表达的安全感

大人通常从小没正式学过有效沟通的技巧，加上他们在成长过程中多少有些个人的挫折和矛盾，不知不觉就沿用命令、威胁，或是指责的沟通模式，让孩子受不了。

我常常建议大人在家里要建立两项安全感。

一是"爱的安全感"，二是"表达的安全感"，也就是先不要要求子女凡事都正确无误，凡事都顺从听话。孩子正在成长，还需要时间，需要方法。

反过来说，身为子女的你，如果遇到不合理的对待，遇到被大人误会了，你不妨勇敢地使用沟通方式，好好地和大人互动。

有个小学四年级男生，那天数学没考好，一到家，他找对时间（妈妈并没有忙碌），找对地方（家中客厅），找对人（妈妈），说对的话。

他说："妈妈，今天我数学没考好，是因为考试前突然肚子痛，结果上了厕所回到教室，题目已经来不及答完。妈，我的实力还在，请不要担心。"

妈妈告诉我："孩子这么懂事地分享事情的经过，我当然不生他的气。"

二、好好地回应

还有一位高二男学生，有一天妈妈唠叨个不停，他感到十分烦躁，本来想和以前一样戴上耳机，不理她。后来他想到上课时学到的"讲出感觉""说出需要"，何不一试呢？

　　于是，他勇敢地走到妈妈面前说："妈，有关整理房间的事，等我这两道数学习题做完就可以进行，请放心！"

　　他说："我只是改变过去爱理不理或顶嘴的方式，妈妈突然吓了一跳，她暂停手中的拖把，对我眨了一下眼睛很开心地说：'OK！听到了。'原来沟通很容易，好好地回应就是了。"

　　另一位初二女生，她认为妈妈偏心，明明是弟弟来惹她，不跟她说就拿走房间的铅笔刀，难道她就没有权利要回自己的东西吗？为什么一直怪她这个做姐姐的不会让着弟弟。

　　她后来反省自己，早上对妈妈大吼大叫也不应该，因此调整好心态后，在晚上睡觉前半小时，请妈妈到自己的房间，然后说："妈妈，希望弟弟能学会开口向我借东西，我没有不借给他；还有，也希望妈妈帮我们协调而不是先怪罪我，好吗？"

　　初二女生心平气和地和妈妈沟通，让妈妈很欣慰。

　　这位妈妈在演讲会上和家长们分享，她感性地说："不要以为我们是大人，比孩子年纪大，我们就做什么都是对的。有时候，我觉得自己更孩子气，逼着小孩认错，绝不认输。这次女儿主动来沟通，我自认也有处理不周到的地方。"

　　没错，相亲相爱的家人，不论谁对谁错，只要有觉察、有调整、有学习，自然就可以架起良好沟通的桥梁；若碰到暴力相向、心术不正的大人，那就需要在第一时间求助。例如学校的辅导老师、社会上的辅导机构，有许多专业人士是会挺身而出的，请给自己机会，绝不要放弃哦！

碰到权威叔叔，
给他讨论空间

孩子爱顶嘴，孩子不听话，多数的大人会认为是孩子的错，怎么可以如此莽撞无礼，怎么可以一而再，再而三地犯错？

电影《海边的曼彻斯特》，由卡西·阿弗莱克饰演的小叔叔李，在侄子帕特里克失去爸爸而手足无措时，却无心收养帕特里克。

餐桌上，李对帕特里克说："游艇该卖掉，房子要出租，然后你转学到波士顿跟我住……"当他这样说时，高中的帕特里克血气方刚，他根本听不下去。

帕特里克直接在餐桌上对叔叔李呛声："你这是告知，还是请教？"因为十六岁的帕特里克自认有足够的能力照顾自己，不见得因为妈妈远离小镇，爸爸刚过世，身为独生子的他就要接受叔叔的安排。

听到电影中的这句对白，我突然醒悟："你这是告知，还是请教"一语道破了亲子之间关系紧张的源头。

不少父母习惯用直接的、命令的、权威的方式告知孩子下一步应该怎么做，孩子反弹的原因有三：

第一，为什么不先听听我真正的意见？

第二，你们大人的意见我不想听，不可以吗？

第三，难道我们没有讨论的空间吗？

一夜之间成熟了

就是这样的一来一往，更增加了亲子之间的误会。最后是李承认自己无法担任侄子的领养人，他重新做了安排，并请教帕特里克："如果我不领养你，改由你爸爸情同手足的好友乔夫妇来收养，然后，等你有空再到波士顿找我，可以吗？"

这次，帕特里克没有再反驳。一方面叔叔李说："我已经撑不下去了。"另一方面帕特里克看到叔叔李的三个子女照片，他明白叔叔曾经因为喝酒误事，三个子女被烧死在屋内，加上老婆不谅解转身离去的种种打击，让他一蹶不振……于是，这个青少年一夜之间变得成熟并体谅大人的为难，接受了叔叔李的建议。

这就是大人和小孩子之间的功课，当大人用对方法来引导时，小孩子也就有机会学到将心比心的互动，同时，体谅大人的用心良苦，不再坚持己见而一意孤行。

下次，当我们和孩子说话时，可别忘了请教的沟通效果绝对赢得过告知，大家可以试试看！

碰到重组手足，
让他清楚界限

妈妈和爸爸离婚时，雪薏只有两岁，什么记忆都没有，只知道妈妈常说："那个家庭好可怕，那个女人（婆婆）好可怕，那个男人好可怕！"

所有的"好可怕"让雪薏可以接受妈妈在她十二岁时再嫁，她都叫他"爹地"。因为妈妈觉得这个男人"好可爱"，所以妈妈亲密地称他"爹地"，她也跟着喊。

当初，妈妈问过雪薏的意见，雪薏看到妈妈喜不自胜，觉得妈妈幸福最重要，而且面前的赵叔叔（最早如此称呼）看来和气有礼，让她十分安心。

妈妈和爹地筹划婚礼时，雪薏才意识到自己平白多了一个姐姐（大她一岁）和一个弟弟（小她五岁）。她即将面对的是重组家庭复杂的手足关系。

已经两年多了，目前念初中二年级的雪薏和初中三年级的姐姐、小学三年级的弟弟，只要有大人在家，彼此井水不犯河水，相安无事。甚至开车出去玩的时候，气氛也是和乐融融，仿佛是幸福的一家人。

雪薏心知肚明，在那对姐弟的眼中，她和妈妈根本就是异邦的入侵者。由于妈妈情商高，而且在化妆品公司担任高级主管，收入丰厚，所以，在这个家里，她多少还是有"位置"的人。

但是只要妈妈和爹地不在家，他们就会很明显地分成两派，姐弟联合欺负她。例如：当她上过大号，从厕所走出来时，弟弟就故意挥着手，走进去又走出来说："好臭！好臭！"

雪薏晚上补习，到家快十点了，她急着想洗澡，但姐姐常常在浴室又是听音乐，又是吹头发，搞到十一点多，这让她很生气。

有几次，妈妈看出雪薏的表情，她会说："爹地已经洗好了，你就到里面这一间洗吧！"

雪薏从来没到主卧室的浴室洗过澡，因为那是妈妈和爹地的私密空间，她无意闯入。

就在雪薏对重组家庭的手足关系左右为难时，她想到可以通过Facebook私信请教我。雪薏的文笔好，而且心地善良，她问我："有没有不让别人欺负我，我也不去伤害妈妈的好方法？"

我建议她：

不把爹地的孩子当"别人"，如果彼此对立，关系可能越扯越远。尽管彼此没有血缘关系，至少是家人关系，那么就需要调整自己的心态。

山不转，路转；路不转，人要自己转。找出新的互动模式，让姐弟尊重你的界限，你也有自在的生活方式。

果不其然，聪明的雪薏在下一次私信里写道："吴老师，谢谢你！妈妈送了我一瓶香水，上过大号，我会喷一喷；弟弟对我做不礼貌的动作，我就学他动作，让他觉得我根本不在意；如果姐姐动作慢，我会和她预约时间，问她十点半出来，还是十点四十分出来。我越不以为意，他们就越影响不了我的情绪。对了，吴老师，报告好消息，将来我要念心理系，学学心理咨询，人的感觉和情绪太有趣了。"

哇！一个初中女学生，不但从重组家庭挣脱了框架，还规划了未来的理想目标，她实在该感谢年纪轻轻就能得到这么多的学习机会。

碰到自私妯娌，
给她"颜色"看看

慧茹的弟妹三年前来到夫家，比慧茹早两年。慧茹刚进到大家庭，大家还客客气气地。

不料，一年后，当慧茹也有了孩子皓皓，关系起了变化。起因是婆婆帮弟妹带两个孩子，一个三岁多，一个一岁，慧茹有空，自然可以多少帮忙看前顾后，但小娃娃不是抢着玩具，就是需要把屎把尿。

那一天，弟妹的大儿子抢了皓皓手中的小车子，皓皓哭了，慧茹正在教导弟妹的大儿子不可以抢玩具，不可以欺负弱小，结果，猛一抬头，刚下班的弟妹眼神仿佛利剑穿心，猛地刺了过来。

弟妹的儿子看到妈妈回家，委屈地号啕大哭，弟妹也立刻奔向前来，一把搂住自家儿子。

弟妹不问婆婆，不问慧茹，直接问她儿子："跟妈妈说，谁欺负你了？"弟妹儿子有恃无恐，手指着皓皓说："他抢我的玩具。"

这下有理说不清。只见弟妹抱起她的小女娃，又搂着儿子说："走！我们进去。"三个人浩浩荡荡地就往房间走去。

客厅里的婆婆将一切看在眼中，但不吭声，只是收拾茶几上的碗筷，摇摇头地往厨房走。

晚上，慧茹的老公杰利下班进到房里，看到老婆心事重重，他关心地问："怎么了？"

这一句问候，让慧茹的委屈倾泻而出，她哭花了脸。事后，杰利建议老婆一起找我咨询。

安排见面时，夫妻俩抱着可爱的皓皓，不到一岁的小孩虽然坐不住，但还算听话。

我听到事件的来龙去脉，分析给这对夫妻听：

第一，三代同堂原本就人多嘴杂，争端也多。

第二，妯娌完全没有血缘关系，人心隔肚皮，确实相处不易。

第三，婆婆领了小叔子和弟妹的保姆费，他们忘了如果没有慧茹的热心参与，单靠婆婆一人很难照顾两个小娃娃。

第四，作为家族大家长的婆婆没有仗义执言，向弟妹说明是她大儿子先抢皓皓玩具，而慧茹是好言相劝，并没有打骂她大儿子。

慧茹在充分被理解后，她心中宽慰很多，同时表示："我们夫妻正在存首付款，我预计两年后开始上班，到时候皓皓可以上幼儿园。我们准备搬出去住。"

我嘉许他们夫妻同心协力，正努力开创新局面。"不过，为了皓皓好，我还是建议你做一个格局大的嫂嫂。"

听到"为了皓皓好"，慧茹和杰利都专注地看着我。我建议他们换个角度思考："情绪难免低落，但还是需要调整过来，你们希望皓皓有堂兄、堂姐一起玩吗？"

我继续说："因为弟妹不懂事，用错误的态度和你们相处，也用错误的方法教育她的儿女，损失必然存在；如果你们也复制她自私自利的做法，从今互不来往，皓皓成长过程不但少了叔叔、婶婶的关爱，将来也少了堂哥、堂姐的家庭支援系统，多可惜呀！"

听到这里，杰利和慧茹相视而笑，杰利上过我的情商课，他对老婆说："吴老师的意思，我们看远不看近，站在高一点的位置来看待，心胸会宽大许多，价值观会更有弹性。"

"对！给你的弟妹一点'颜色'看看，让她见识什么叫作格局大、不计较，她才会有反省的机会。"

Practice A 恰到好处的情绪化

1. 你正在练习做大于等于型（亦师亦友型）的父母吗？

_____

2. 子女情绪暴怒，你会心平气和地和他互动吗？

_____

3. 你会不会剥夺孩子负责任的权利？

_____

4. 你会建立游戏规则，让孩子不沉迷网络或电视吗？

_____

5. 碰到强势婆婆，你会站稳立场，理直气"和"地沟通吗？

_____

6. 夫妻关系好，孩子就容易情绪稳定，并乐于学习吗？

_____

7. 父母过度干涉你，你会调整情绪，引导他们去除心中的不安吗？

_____

8. 你能够引导孩子和亲族相处，创造很多的支援系统吗？

_____

9. 离婚之后，你们会告诉孩子"爸妈像以前一样爱你"吗？

_____

10. 妯娌是没有血缘关系的亲人，你能够保持安全距离，并让对方尊重

你吗？

_____

Practice B 自我省思

亲子情商上，我做对的是：

_____

_____

_____

_____

_____

_____

我需要修正的是：

_____

_____

_____

_____

_____

_____

_____

第四章

如何面对情绪勒索

情绪勒索是人与人互动中常见的问题行为，

人们习惯以爱之名绑架你的情感，勒索你的情绪。

情绪勒索

　　情绪勒索是一个很有趣的名词，明明我们常受到旁人情绪勒索，自己也不经意对别人情绪勒索，然后在人际互动里产生了许许多多的误会、纠结、冲突。不过，我们并未从此歇手。因为，在情绪的深层，我们忘了去探索这个部分的威力。

一、情绪勒索的定义

　　情绪勒索，这个词汇早先由美国心理治疗学家苏珊·福沃德提及。

　　根据维基百科编辑所示："情绪勒索……意指一种无法为自己负面情绪负责并企图以威胁利诱迫使他人顺从的行为模式。"

　　心理学家朵蕊丝·利星认为情绪勒索是一种心理上的迷雾。

　　在我多年辅导和演说过程中，记得有位十七岁少年，他在"身心成长课程"上一言不发，直到我说："快下课了，让老师关心你一下吧！"

　　腼腆羞涩的他，终于说出让我终生难忘的一句话："妈妈说，如果不是因为生下我，她早就和爸爸离婚了。"

　　这句沉重郁闷的话语，让我开始了深究情绪勒索的第一步。少年长期被妈妈情绪勒索，相信日子一定不好过。他的妈妈呢？为什么要说出这种令儿子痛苦的话语？她知道这已造成儿子一辈子的心理负担吗？

二、Why？情绪勒索获利多？

情绪勒索多半发生在亲近的家人，或是情爱关系中的伴侣，或是利益交错的客户关系之中。

最常见的是亲子关系中，号啕大哭的孩子发现只要用声音、踢打、眼泪，就可以博得照顾者的怜爱关心，甚至还能得到彻夜的拥抱睡觉，或是吃不完的糖果饼干和许许多多的玩具，长大后，这些就变成了玩个不停的计算机游戏、全新的名牌衣物、鞋子等。

通常，情绪勒索是人们在人际关系中无意中发现的好处，人们习惯从周遭弱势的人身上取得有利的资源。这种习性的产生，是由于彼此在不知不觉中形成了有人予取予求、有人被剥夺而退让的互动模式。

也有的是从眼前情绪勒索的人身上学到经验，跟着食髓知味，于是步入了沆瀣一气的模式。例如，有位青少年从小看到爸爸很容易向奶奶伸手要到钱，于是这位青少年步爸爸的后尘，也开始了情绪勒索，要他的奶奶给钱，否则他不上学、不写作业、不吃她煮的饭菜。

情绪勒索其实还有许多方面，如果细分起来，可以分成三种类型。

（一）他罚型

有这种习性的人常以批判、权威、无理取闹的方式怪罪别人，他们最常讲的话是："这都是你的错。"这使得旁人百口莫辩，或气得跺脚。

（二）自罚型

有这种习性的人常以退缩、懦弱，加上责备自己的方式来说："这一切是我的错。"这样的说辞往往使得旁人心存内疚，不知如何是好。

（三）无罚型

有这种习性的人常压抑了心中的委屈或怒气，然后息事宁人地说："大家都没有错，没事！没事！"这使得旁人尴尬，因为他们早就已经从当事人的脸色、表情、动作看出不悦，却不知道接下来是要道歉、要解释，还是什么都不说。

在家庭、职场上，我们如果想不对他人进行情绪勒索，也不让他人对我们进行情绪勒索，这时除了要觉察自己或对方正在进行情绪勒索的轨迹外，也要适时让自己或请对方停止这个模式。

这时，唯有制止型的人可以摆脱这种人际相处中的情绪包袱，让自己置身清楚、理解和尊重的关系里。

下面，让我们一一厘清这三种类型的人，同时学习做个情商高手，以便能够在微妙的互动中，拿捏出正确的情绪模式。

他罚型的人
常怪罪他人

他罚型的情绪勒索最常出现控制、指责、大发雷霆的行为，让别人不好受。

曾经有位女性学员玉卿，下午进课堂时，整个人情绪快要崩溃了，她不清楚为何早上明明好端端地进公司，下午却不开心。

这中间到底发生了什么事？

经过仔细确认进公司后的行程，玉卿发现，原来十点多的时候，业务经理接了一通电话，结果在办公室大声地和客户吵起来，那些语词多半属于破坏性的表达，例如："你开什么玩笑，我们公司怎么可能赔偿你""你自己犯的错，为什么我要替你承担""你这个人很过分，简直是有理说不通"。

一、爸爸也是他罚型的人

类似这样的语词，再加上口气很凶，整个办公室的部属都受到了影响。有的到茶水间喝水；有的借故拜访客户提早出门；有的拿起手机到玻璃门外打电话；而玉卿，她手上的案子正在处理，无法说走就走，因此，一直听着业务经理破口大骂。

"他骂别人，又不是骂我，可是我的情绪已经大受影响，我不明白啊！"玉卿想找出个中原因。

"请问从小到大，你认识的人有谁是他罚型的人？"

"哦！"玉卿恍然大悟地说，"我的爸爸啦，爸爸常三更半夜和妈妈吵架，那种责备怪罪的语词和口气和我们经理很像。小时候，我只能躲着哭，长大后，我为了逃离爸爸，就嫁得比较远。"

原来，玉卿在早上经历了经理他罚型地对待客户，她的情绪被引爆而不自知。如今，明白了来龙去脉，玉卿决定下课后去健身房，让自己免受池鱼之殃。

玉卿还说了一句很妙的话，让我回味许久，她说："喜欢怪罪别人的人，通常是不喜欢自己的人，所以，也不懂得善解人意，尊重别人的感受。"

二、妈妈是受气包

他罚型的情绪勒索不只是发生在大人身上，有的小孩看惯长辈欺负弱小，于是有样学样，连自己的妈妈也一起欺负。

小杰生长在三代同堂的大家庭，由于爷爷经商成功，奶奶又掌管全家的经济大权，因此，妈妈进入这样的家庭，等于没什么地位。

备受长辈宠爱的小杰经常对自己的妈妈说："你不让我吃糖果，你好坏，我要去跟奶奶说。""你不帮我洗澡，你是坏妈妈。"

有时候，小杰的作业没有写好，回到家还会把书包一丢，怪罪妈妈地说："都是你，都是你，没有把我的作业检查好，是你害我的。"

小杰的妈妈来请教问题时垂泪低泣。我实在看不下去，因此问她："你的老公有没有一起负起管教的责任？"

她摇摇头，低声地说："我老公长年派驻外地，我根本管不动儿子了。"

"你不能再这样软下去了。"我的分析让她明白，小杰学到了爷爷奶奶盛气凌人的模式，讲话语带威胁，还不尊重自己的妈妈，这样长久下去怎么得了？

"老公曾经要我带小杰和他一起去上海住，他治得了小杰，对我也很好，所以……"小杰的妈妈这么一说，我赞成她往这个方向走。

我还建议小杰的妈妈："你要硬起来，和你老公合作，让你儿子改掉仗势欺人的坏习惯。"

唉，童年只有一回，再不调整改善，更待何时啊？！

三、你是他罚型的人吗

越是常说如下10种语句的人，越接近他罚型情绪勒索者。

1. 要我跟你说几遍，你怎么总是听不懂。	是□ 否□
2. 这都是你害的。	是□ 否□
3. 算我倒霉，才认识你这个人。	是□ 否□
4. 你很笨，连这个都做不好。	是□ 否□
5. 要不是你，我们这个团队早就过关了。	是□ 否□
6. 你说说看，这件事搞砸了，不怪你，要怪谁呀？	是□ 否□

续表

7.你们给我听好，这个月业绩没搞定，那就回去吃自己。	是□ 否□
8.千错万错都是你的错!	是□ 否□
9.你怎么老是迟到，你以为你是老大啊?	是□ 否□
10.你是人类吗? 怎么做出这么蠢的事?	是□ 否□

自罚型的人
令人内疚不已

自罚型的情绪勒索，往往让人避之唯恐不及，但是，当事人并不见得清楚自己的负面威力如此之大。

在马来西亚书展演讲时，一位约二十八岁的女性白领提到，如果下班到家，向妈妈提及和同事有约，要去听演讲或是参加庆生聚餐，妈妈总是不开心地说："回来就回来，为什么还要出去，多累啊！好啦！好啦！每次劝你都不肯听，等你回来看不看得到我，就很难说了。"

这位女性掉着眼泪说："妈妈这么一说，吓得我不敢出门，赶紧和同事取消了约会，然后和妈妈一起待在家里。两人大眼瞪小眼，也不知道要说些什么，心情不是很好受；可是，如果狠下心，就是匆匆赴约，却又挂心妈妈的感受，心里充满愧疚。"

一、内疚何时了

这就是擅长运用自罚型（自我责备、怪罪自己）的方式把孩子留在身边的父母，我发现有些父母（妈妈尤其多），喜欢用话语或装作身体不适，硬是把孩子留在身边，这种负面的依附关系，往往让双方互相牵绊，又彼此怨怼。

也有男女情爱关系中的自罚型情绪勒索。俊生在给我发私信时说道："我老婆要我多陪她，又怪我收入不够多。"

原来老婆常对预备出门拜访客户的俊生说："你有必要这么忙吗？反正我就是不够能干，拖累了你。"或者说："当初嫁给你就是错的，害你要背负这么多责任。"

俊生安慰老婆说："可别这么说，我爱你，我乐意承担。宝宝快出生了，你在家别想那么多。"

老婆又说："都是我不好，经期没算准，一切计划都乱了。"

老婆有完没完地如此说，让俊生进退两难，不知道如何和老婆沟通。

二、自罚型的人自己也不好过

自罚型的人通常会讲一些攻击自己的话，那是因为内心缺乏自信，也不相信自己值得享受幸福快乐的日子，因此习惯以泄气的话语，说自己的坏话，然后来"绑架"别人。

办公室里，有时候你会听到同事说："都是我不好，让团队的业绩没做起来，很抱歉！"乍听之下，我们往往快速地安慰他："哎呀！快别这么说，这可不是你的错，继续努力就好。"

结果，支持、鼓励、引导都进行了，可是对方还差那么一点点自我激发、勇往直前，下个月的业绩还是没有起色，只听到这位同事又说："我就跟你说过，我是扶不起的阿斗，我真的对不起大家。"

好吧！自罚型的人一再地用谴责自己的方式来请求原谅，或是以此为借口，让自己后退有路，旁人听多了之后，就会看懂其中的伎俩，不再给予同情或支持。

所以，自罚型的人，如果你发现主管不再对你嘘寒问暖，同事不再聆听你的心事，爱人不再耐心陪伴你，甚至家人也常对你说"你又来了"。那么，你要尽快停止个人自罚型的情绪勒索，这种语言、这种方式已经在人际关系中行不通了。回头是岸吧！

三、你是自罚型的人吗

如下10题，答"是"越多者，代表越接近自罚型情绪勒索者。

1.是我没做好，不关你的事。	是□ 否□
2.都是我害你们被老板骂，我对不起你们。	是□ 否□
3.是我先讲错话，我该赏自己耳光。	是□ 否□
4.我实在不该跟他说，害大家吵起来了。	是□ 否□
5.反正我不值得你们关心，这件事就到此为止吧！	是□ 否□
6.我从小吃尽苦头，是我命不好，我没有福气和你在一起。	是□ 否□
7.我罪该万死，上笔钱没还，现在又来借，你当然有权利不理我。	是□ 否□
8.我的条件不好，根本不值得你的爱。	是□ 否□
9.你要离开，没有人拦得了你。今后我的死活，你是没有责任要扛的。	是□ 否□
10.我要提出辞职，都是我的缘故，让公司的流动率变多了。	是□ 否□

无罚型的人
挺折磨人

无罚型的人，在情绪勒索的领域里虽然不具有明显的杀伤力，但是后坐力很强。他们不会立刻让当事人感到有什么不妥，但是在与之相处时，压力就出现了。

大家最常见的情况是，好友之间相约，豪爽大气的人见到迟到的当事人总是说："来了就好，没关系。"但事后，他们会向另外的朋友抱怨："这个人总是迟到，随时都有理由。"

等到这种不满的言辞传到当事人耳中后，那种被羞辱、被贬抑的感觉会令他很不好受。大家关系都挺好，是可以聊得来的兄弟、姐妹，如果有不满，何不当面直说，非得背后说呢？

一、自我压抑深的无罚型

无罚型的人通常自我压抑很深，可能从小经历了家族成员沉默的互动，不擅长把喜怒哀乐自然地呈现出来，抑或是把真正的情绪武装防卫起来，进行淡然、冷漠的回应。因此，在同事、朋友之间不见真正的感觉，也让旁人疏忽了第一时间去探究对方的心意如何。

二、一人默默承担，对吗

手足之间，为了谁来照顾年老体弱的父母，常起争执。有的因为工作忙碌、分身乏术，因此用给钱的方式尽责。有的认定家中大嫂没在上班，最适合照顾，传统惯了的大嫂还真的费尽心力照顾公婆，好让叔伯妯娌安心去工作。可是午夜梦回，身心俱疲之际，又有谁能理解她的牺牲奉献？

大嫂娘家的姐妹们有时群起而攻之，认为如此任劳任怨，一切不值，但是身为大嫂的她，总是说"还好啦""日子还是要过下去"。

这种无罚型的表现就是不责怪别人，也不责备自己，一切默默承受，让人打抱不平，偏偏他们自认命该如此，没有什么好抱怨的。

无罚型的人做得太周全，做得太神圣，有时不免引起周遭人的歉意，使他们感到似乎疏忽了什么，或应该补偿些什么。

三、成全对方，忘了自己

注意，还有一种无罚型的表现，他绝对没有做错什么，但也没有完全做对什么。由于长年的情绪压抑，当所爱的人寻求离去时，他站在一种超然的立场上，以理解的姿态感谢和祝福对方。

这种完全看不出任何不舍和愤怒的回应方式，使得转身而去的爱人心安理得，也在重获自由时轻盈自在。

直到多年后，从友人处得知当年潇洒放手的他，原来终身未娶，日子过得并不开心。而轻快离去的她乍然听闻，不禁潸然泪下并且自问："他这样成全我，我是该感谢他，还是骂他笨蛋？我们曾经相爱多年，他有什么感受是可以讲出来的啊！"

这类无罚型的人平日不显露真感情，我们可以感觉到他们为人正直、诚实、客气、有礼貌、绝不口出恶言，但有某种无形中的距离，让我们明白，他其实没有我们想象中那么容易靠近。

四、他不是故意的

还有一种无罚型的人，问他意见，征求协助，他们的回答总是简略而不明确的。

有位老婆提到不知如何和老公相处，因为无论说什么，老公的回应总是："嗯！"

"嗯"这个字眼，究竟代表了什么意思呢？

是赞成，是接受，还是只是"我听到了"？

类似这种"嗯""哦""没关系""还好"等不确定性的字词是无罚型情绪勒索者常用的字词。

有一次，这位老婆安排了庆祝结婚二十周年的海外旅游。当她在兴致勃勃地规划时，一边望着电视机里炮火连连的谈话性节目，一边漫不经心的老公回答："嗯！"

等到规划成熟，行程已定，请老公刷卡签保险同意书时，老公竟然说："要去，你自己去吧！"

"你不是答应要去的吗？"老婆急得快跺脚了。

只见老公不动怒，也不着急。他慢条斯理地说："我只说了'嗯'，我并没有说'好'啊！"

这就是无罚型的人的高招，他们看似为人温和、不起争执，但是那种被他"整"（情绪勒索）的感觉，还是挺折磨人的。

弄到最后，这位女性学员告诉我："整件事反而好像是我做错了。"

无罚型的人不像他罚型、自罚型这些人一样情绪外露，但是身边的亲朋好友相处久了，往往会有很深很深的挫折感、无力感、莫名其妙感等。

无罚型的人因为家庭教养好，或是个人修为深，因此不愿为难他人，但在深层潜意识里头多少仍有着微愠的怒火，有着不平之鸣，只是征兆不明显，一切压得不着痕迹罢了。

五、你是无罚型的人吗

答"是"越多者，越接近无罚型情绪勒索者。

1. 你常做轻松状，对旁人说："没事！没事！"其实你心里明白得很——是有事的。	是□ 否□
2. 你习惯表情淡漠，以隐藏内心的波涛起伏。	是□ 否□
3. 对你咄咄逼人的人，你心想："不说也罢。"	是□ 否□
4. 主管问起某位同事的言行举止，你说："这种事去问别人吧！"	是□ 否□
5. 部属犯了错，你不忍苛责，还安慰他："唉，人难免有错。"但其实你内心是挺不高兴的。	是□ 否□
6. 孩子花钱无度，你总是代为偿债，又说："我不是开银行的。"	是□ 否□

续表

7.朋友只要愁眉不展地来借钱，你总是多少拿出一点钱给他，并且说："下不为例!"	是□ 否□
8.家人关心地问："好不好啊?"你不高兴地回答："你看我不是挺好的吗?"	是□ 否□
9.客户来要求降价，你口口声声说："这样大家会一起饿死啊!"	是□ 否□
10.老妈要你去劝老爸戒烟，你回答："我说得动他吗?"	是□ 否□

勇敢地
对情绪勒索说不

综观以上各种情绪勒索的相处模式，各位应当有些感触，如果发现自己有类似行为，当然要学习自我觉察、自我克制，停止用语言、眼神、低头、转身离去等方式和别人相处，而是好好讲出自己的真实感受，说出自己真正的需要，让对方知道如何和我们正确相处。

一、你可以这样做

万一我们的周遭充斥了各式各样的情绪勒索者，那么，我们也要练习运用制止型的方式来互动。

（一）当他罚型发生时

例如，孩子用他罚型来责怪你，他说："同学们家里都不管他们玩多长时间手机，你为什么管这么多？"

这时你千万不要回答："你玩得有完没完，还敢顶嘴？"（他罚型）

不要回答："都是我不好，从小没好好约束你。"（自罚型）

不要回答："我们再看看吧！"（无罚型）

这时，身为父母的你有责任把游戏规则讲清楚，也应该阻止儿女的情绪勒索。建议你说："对，一天上网两个小时，这是我们的家规。"

（二）当自罚型发生时

例如，长辈用自罚型来让我们难受，他说："当初我没阻止你嫁给他，如今，你过得不幸福，都是妈妈的错。"

这时，我们千万——

不要回答："对，都是你害的，一直说他们家有钱有势，将来不愁吃穿，如今……"（他罚型）

不要回答："妈，我命苦呀！都生了两个孩子了，他还在外头金屋藏娇。"（自罚型）

不要回答："没事，没事，再说吧！"（无罚型）

这时，身为儿女，你有责任扛起自己的人生，不管当年爸爸妈妈出了什么主意，点头答应婚约时，毕竟自己也是成年人，要好好面对一切后果。

你需要对正在情绪勒索你的爸爸妈妈采取制止型说法，建议你说："爸妈，我已长大成人，我的婚姻我自己有责任处理好，你们只要给我精神支持就好，谢谢！"

（三）当无罚型发生时

例如，当同事用无罚型无关痛痒地淡然回应，其实我们也要看懂他们的情绪勒索的轨迹，好好地带动他们共同成长。他们通常说："你不用担心，我可以的。"

这时，我们千万——

不要回答："你每次都说可以，结果呢？客户一直抱怨你不是漏

带资料，就是算错钱。"（他罚型）

不要回答："唉，我没把你教好，让你太快上场，这笔账其实是应该算在我的头上。"（自罚型）

不要回答："好，既然你说你可以，那你就可以。"（无罚型）

无罚型的人通常害怕冲突，也不想增加别人的心理负担，殊不知这反而会耽搁工作流程，或是造成客户的满意度下降。

身为主管或是同事的我们，绝对有责任，有必要把无罚型同事带回正轨。建议你说："我当然不担心你这个人，你一向工作认真负责，只是这个案子事关公司的名誉和形象，请你具体说明客户究竟需要我们怎么配合。"让同事快速进入现实，这样可以缩短他自我摸索的时间，也可以让工作团队尽快共同解决客户的需求。

二、原来如此的人生

人与人的相处很有趣，也很微妙。我回首前尘，确实曾经在不知不觉中也运用了他罚型、自罚型、无罚型和旁人互动。

在那类情绪勒索的互动中，我曾经勃然大怒，或黯然神伤，或默默流泪，或若无其事……其实这些都是不恰当的情绪模式。

如今，我和各位一样，在学习成长的过程里，让自己的感觉有一个充足的空间，也尊重别人的感觉；同时，把个人的需要讲得更具体、更心平气和，这样，对方也就理解我、体谅我，或愿意等待我的成长。

我发现用制止型来处理情绪勒索的任何一型，都可以让自己身心更健全、更舒服。各位不妨一试！祝福大家！

第五章

超实用急救贴，提升你的情绪自愈力

通过 10 种情绪管理的秘诀，

我们可以学会如何改变价值观，改变情绪，

甚至改变命运。

积极转念法

通常我们在工作上有挫折感时，或人际关系紧张时，或对人生感到失望时，负面情绪就会产生。然而真的是老板不公平、老师偏心，或父母不关心吗？到底是谁造成我们不快乐的呢？

先分享一个故事，让大家做参考。

曾经有一位一百多岁的老人家，每天都很快乐。有人好奇地问他：“为什么你每天都这么快乐呢？”

这位老人家笑呵呵地回答：“因为我每天早上起床都有两个选择，一个是选择快乐，一个是选择不快乐，而我每天都是选择快乐，所以我每天就很快乐。”

对了，原来我们有自主选择权，可以决定自己的情绪走向，而且有能力做一个情绪自由的人。原来，过去一直让我们陷入气恼、悔恨、嫉妒、退缩、不安等负面情绪的关键人物，就是我们自己。

所以，责无旁贷，让我们跳出“受害者”的情绪陷阱吧！让我们学习做一个“责任者”，开始学习情绪管理，好让自己的人生海阔天空。

解读与贴标签

美国认知行为学派的心理学家指出：一个人对人、事、物如果有错误的认知，比如以偏概全，或夸大严重性，有可能造成情绪困扰。所以，如果一个人从认知去觉察和改善，接着在行为上做调整，那么，被负面情绪影响的程度就降低了。

举例说明，当我们被别人"说"的时候，通常会有些"反应"。这时候，我们要进入"解读"的渠道。如果从我们的认知来解读对方的说法（包括语言、态度、口气），我们解释为那是"批判、责难"，那么，我们已经为对方贴上标签，认定"对方是一个对我不友善、处处找我麻烦的人"。

如果从我们认知里，有更弹性和冷静的解读方法，我们可以解释为："他是好意，只是说话的语气让人受不了。针对他的建议，我愿意接受并改进，至于他的语气和态度，等找对机会，我再好好跟他沟通。"或是"对方可能碰到压力了，才会这样说话，我愿意给他一个机会，让他冷静下来"。

这时候，一转念之间，认知的领域扩大，就不会在别人身上贴标签了。

有弹性的认知，绝不是鸵鸟式的阿Q或讨好现象，而是给自己在情绪管理上一个自主选择权。因为我们在解读对方的言语举止时，选择了有助于自己调整的方向。

情境演练法

在上一节中，我们提到了认知系统对一个人情绪的影响力。那么，认知是从哪里来的呢？

认知来自我们脑海中无数个价值观，这些价值观正在影响我们被人、事、物影响时的反应。有的人的价值观是开明的、正面的。例如："有人做了对不起我的事，我一定可以克服这个困境。""如果我一时跳不出困境，一定还可以找到其他的出路。"有的人的价值观是狭隘的、负面的。例如："背叛我的人不得好死。""命运让我如此，也就认了吧。"

一、价值观从何处得来

价值观往往来自我们的父母、师长、朋友……就看我们从小和谁比较接近，或比较相信谁的说法，不知不觉中也就习得了他们的情绪反应和处事态度。

这些价值观还会因为社会背景、风俗民情、时代演变而逐渐转化。然而，有些负面的价值观，经过了几代的传承，如果不深入觉察和取舍，我们往往还会继续受其影响，甚至是被其控制！

例如，有时我们夸奖对方，没想到对方却害怕地谢绝："没什么啦，不要把我说得太好。"

这里可能有个根深蒂固的价值观："话说得太满，容易遭天嫉，马上会有报应。"这种似是而非的价值观，让我们在"面对面的回应"和"自我接纳"的路途上又延缓了一步。

二、建立情绪免疫力

为了在情绪管理上增强免疫力，列出以下三种情境演练法，让我们从价值观的觉察着手，同时学习如何选择正面的、积极的情绪反应。

（一）纸上作业法

1. 写下此刻脑海中浮现的念头。

2. 评估哪些属于负面价值观，哪些属于正面价值观。

3. 重写那些负面价值观，并将它们修改为正面的价值观。例如："我很害怕他不理我了"修改为"和我做朋友，是他的福气"。

（二）角色扮演法

在成长团体中，接受辅导者引领，自己加入角色扮演。在互动过程中，通过言语、行动，可以觉察自己的哪些价值观让对方有压力。这个"对方"可能扮演我们的父母子女，或同事朋友，甚至是扮演我们自己。这样，当我们回到现实生活中时，就会更加警觉，不让负面的价值观影响了双方的关系。

（三）他人示范法

参加专业的成长课程，亲身观摩正确的示范，或是多结交积极思考的朋友，观察他们的情绪反应，学习他们在待人处世时所选用的价值观。

　　总之，为了修炼人生情商学分，这么做就对了！

创造反馈法

前面两节我们提到了"一个人的认知（想法）会影响情绪走向"的说法，所以，一个人首先要改变想法，才有可能改变情绪。

谁都希望改变脑袋里的每一个想法、念头，让自己随时都充满乐观、喜悦的情绪。然而，有时候我们会卡在死角，找不到出口，这该怎么办？

一、尼尔帮助了我

我在美国念研究生时，有一天，课业的压力让我的情绪不好了，我尽快离开了书桌，跑到学校餐厅去。果然，在见到同学一边说说笑笑，一边吃午餐后，心情略为好转。就在这时候，我发现背后一直坐着一个美国大男孩。我以为他在等人，于是随口向他说了声"哈喽"，并且问他吃过午餐没有。

没想到他腼腆地摇摇头。这时候我瞧见了摆在他身旁的两根拐杖，于是我又说："要不要我帮忙？"

他很快地点点头。

于是我们俩一同慢慢走向餐盘处，由我代他拿餐具并点菜，然后坐到餐桌前一起吃午餐。

在我帮助这个叫尼尔的美国大男生的过程中，虽然前后不到十分钟，却奇迹般地完全转变了我的内在情绪。尼尔可能没想到，他是行动上需要人支持，而在那一刻，我是心理上需要人支持。

踩着雪径，充满兴致，准备继续回到书桌前的我，一时明了了一件事："当我们被一个人或一件事'否定'时，自我价值感会下降，情绪也会转坏。如果能尽快找到提升自我价值感的机会，情绪也将跟着回暖了。"

记得有个学员曾提到，每次她心情不好，她会尽快打一通电话给需要被关心的朋友，或走出家门，创造有人对她说"谢谢"的机会。像这样，人在极短的时间内，从"治标"的方向，同样可以找到情绪管理的秘诀。

二、善心天使——曾小珍

曾小珍也是这样一个在创造反馈的女孩。当我见到她标致、秀丽的脸庞时，绝没想到她曾经是在生死边缘挣扎过的女孩。二十五岁以前的她，是朋友眼中的开心果，是公司顶尖的销售员；然而一段感情挫折，让她吞下了三十几粒安眠药。

在医生的极力抢救下，她活下来了，接下来是面对无数的手术和突发状况。当我见到她时，她爽朗而坚定地说："回想起来，现在过的日子比二十五岁以前更有意义。"

尽管她现在不能像以前一样唱出美妙的歌声，无法好好享受一顿美味餐点，还必须经历一些手术重整的痛楚，然而，在家人的关爱和支持下，她走出了阴影。她在医院的病床间走动，问候其他的病患、听他们说话、关心他们的需要。

这样一个当初连医生都没把握能救活的人，如今却像一个"善心天使"，陪伴一些病患好友走到人生的尽头，尽量去帮助对生命感到无助无望的人。

"为了照顾这些朋友，不知不觉中，我竟然胖了三公斤。"小珍开心地和我分享。其实，她何止是"丰富"了身体的重量，在她不停以爱心助人的过程中，她创造了自我价值感，也让情绪领域有了更"丰富"的互动和成长。

双赢策略法

当我们碰到语带挑衅，有点无理取闹的人时，通常我们有三种选择：一是面对他，同时怒斥回去；二是逃开，然后若无其事，或是怀恨在心；三是站在原地，然后很有技巧地解除对方的武装。

请问，你习惯使用哪一种方式？

还有，你渴望使用哪一种方式？

一、反诘问法

在情绪管理的秘诀里，有一种双赢策略法，也就是维持双方的自我价值感，再找出双方同意的、合理的共同观点。

美国有位心理咨询专家大卫·波恩，他在著作《感觉很好》一书中提到，当他在演讲会场碰到有人提问题向他挑战时，他会运用反诘问法来处理。

因此，你如果碰到家人、学生、部属或客户质问你，在你的情绪快要被惹起来的时候，不妨试试这一招！

根据大卫·波恩的分析，这种挑衅者表现出三种特质：

1. 他们有意批评，而不是"就事论事"。

2. 他们的人缘、风评不佳。

3. 他们有时是滔滔不绝地骂个不停。

就在这当下，反诘问法的运作过程如下：

1. 马上感谢对方的言辞。

2. 承认他所提到的事是很重要的。

3. 强调除了他所说的，另外还有些其他重要的观点。

4. 邀请挑衅者分享最后的感受。

大卫·波恩说，他运用反诘问法，屡试不爽，甚至有的挑衅者会在会后向他致歉或感谢他的和善言辞。

这就是一种双赢策略法，在整个过程中，没有人被打败，大家都是赢家。

谈到这里，大家可能和我有同样的想法，我们何尝不想心平气和地和挑衅者相处，问题是我们如何第一步就做到感谢和同意对方呢？

二、三种选择

大卫·波恩说，一般而言，我们碰到有人侮辱或挑衅时，很快会进入三种途径：

（一）悲哀的途径： 开始自责，并且觉得自己不够好。

（二）愤怒的途径： 责备对方，觉得都是对方的错。

（三）高兴的途径： 有足够的自我价值感，被批评时，先从自我审查着手。比如自问："这些批评是对的吗？自己的行事是否客观？我真的把事情弄糟了吗？"同时，认定自己是一个不错的人，不见得要事事完美。

以上三种途径，你会选择哪一种呢？

相信大家和我一样会选择第三种途径，既不受对方影响，还通过自我审查，得到成长的机会。

所以，当下次有人来向你挑衅时，你要很高兴地先感谢他。同时，观察自己如何使用情绪管理的秘诀之一——双赢策略法。

自律训练法

其实你是一颗钻石，不论已经雕刻完成，还是尚待琢磨，你要知道，自己是很不错的。可是周遭有些人，或者故意来刺激你，或者好意却对你造成压力，使你这颗钻石看起来竟像是路边的小石头，一点儿也不起眼。

光是想到这样，你的情绪就已经开始波动。对方如果用言辞或行为来刺激你，这时候，负面情绪马上就要爆发而出了。

负面情绪一出现，"生命的中心点"马上要偏离轨道了。所谓的"生命中心点"，就是我们感觉到的生命重心，能由自己掌握，而不需要向外人索取尊敬、关爱、照顾或快乐等。我们的"生命中心点"本身就有一套滋养系统来照顾自己，这个部分除了靠平日在"想法"方面增强正确的价值观之外，还要通过"身体活动"来增强情绪免疫力。例如：

一、开心的运动

有些人的运动习惯是到运动场，或是一定找到友伴才能进行。然而做一个情商高手，则要训练自己随时随地都能做运动，在"治标"上立刻改变自己的负面情绪。

我有过无数次的经验，每次遇到挫折、困难或想不通的时候，如果在屋内，我立刻打开音响，随着热门音乐，从轻缓的肢体活动，逐渐做到热烈的舞蹈，借着伸手、弯腰、踢腿、转身等各种动作，使身体的格局舒放出去。很奇妙，只要大约十分钟，内心的感觉就好很多了。

有时候如果赖在床上胡思乱想，然后很明显快要痛苦愤怒或自怨自艾时，我一定勉强自己"先听音乐、跳舞再说"。

有时候在巡回演讲途中，不方便找时间或地方运动，往往我就站在月台上或候机室，开始做柔软操。只要不侵犯别人的空间，又不是举止怪异，没有人能阻止我们保持运动、增强情绪免疫力。

在搭车、等人时，或在办公室里时，各位也不妨按摩手指、耳朵、面颊，或耸耸肩，转动脚踝。这些局部运动也可以把我们拉回"生命中心点"来。

二、单纯的饮食

有关饮食养生的知识，相信各位很容易找得到，做个情商高手，一定要注意到饮食习惯对情绪的影响。我个人坚持一个原则，随着年龄渐长，改变摄食蔬果和肉类的比例。例如：二十岁左右，每天蔬果和肉类的比例是二比一，三十岁左右是三比一，四十岁左右则是四比一，依此类推。素食者则不在此限。

三、呼吸施受法

每天学习乌龟的呼吸法，深深地吸气，慢慢地吐气，让血液里有充分的氧气，让血液循环规律而舒畅。碰到情绪波动时，尽可能闭上眼睛，想到让你不舒服的地方，同时在吸气时，想象将怒气、闷气吸入（这部分叫"受"），接着想象将福气、喜气、阳光之气吐出，传送出去（这部分叫"施"）。

另外，充分的睡眠和休息等，也都是通过自我在平日养成一些身体活动的好习惯，再经过自我训练、自我管理，而来补强情绪免疫力。

情绪链调整法

安东尼·罗宾是一位美国的潜能激励专家，通过演讲或课程，他能够在很短的时间内帮助人改变自己。

大部分人想改变什么呢？

大部分人都想改变自己的情绪和行为，好让自己远离痛苦，走向快乐。

安东尼·罗宾强调，人不是无从捉摸的动物，他所做的每件事都必然有他的原因。而痛苦与快乐的取舍正是影响我们生活遭遇的推动力量。他更点出一项症结——任何事都不会使我们痛苦，而真正让我们痛苦的是"以为会痛苦"的念头。

这种误解的念头，使我们常沉溺于某种行为或情绪之中，不知不觉中便形成了情绪链（或称之为"神经链"）。

一、神奇的情绪链

安东尼·罗宾在著作《唤醒心中的巨人》中提到："神经科学家对神经链的研究，发现了人脑中的神经元始终不断地在神经网络中来回传送信息，在一瞬之间，任何一个念头或记忆，通过数十亿个高速电流脉冲，就可传送回去。"按照安东尼·罗宾的建议，想改变自己情绪和行为的人，可以学习把"旧行为"和"痛苦"连在一起，把所希望的"新行为"和"快乐"连在一起，也就是通过情绪链调整法（或称之为神经链调整术，英文简称NAC），直接有效地改变不良的习惯，重新找到好习惯或好情绪。

情绪链调整法总共有六个步骤：

第一步，确定真正要的是什么。

第二步，相信改变对自己有帮助。

第三步，停止所有旧的行为模式。

第四步，另找出新的、好的行为模式。

第五步，不断调整新的行为，使之成为习惯。

第六步，测试一下效果。

二、狗食减肥法

安东尼·罗宾有位女性学员很想减肥，可是常因贪吃而违反诺言。后来她找来一位也想减肥的好友，两人共同约定，日后谁如果贪吃，就必须吃下一整罐狗食。两人也随身携带一个空的狗食罐头，当想大吃一顿的时候，立刻拿出狗食空罐头以示警惕。

这也就是前面所提及的六个步骤，让自己找到适合个人的新模式，然后把过去不好的习惯改掉。

安东尼·罗宾还曾经帮助一位嗜吃巧克力，而使健康亮起红灯的男性学员。因为过去吃巧克力糖让他感到快乐，所以，他虽然心里想戒，口中却仍吃个不停。有一回在课程中，安东尼·罗宾规定这位男性学员整天只能吃巧克力和喝水，其他食物都不可以碰。各位可以想象这位仁兄后来吃到痛苦的情形，很快就戒吃巧克力了。
这就是改变了吃巧克力时的情绪链，让它从快乐转成痛苦，改变的
决心就出现了。

当然，我们也可以改变情绪链，使它从痛苦到快乐。例如，情
绪消沉或有压力时，立刻找个方便的空间，让自己马上转变身体的
姿势，或对自己说激励的话，这时候可以很快扭转情绪。我最常用
的动作和语言是——握拳，向下用力一摆，然后提高声调说"Yes"
或"加油"。

冥想宽恕法

不知道为什么，她总是没有办法全然的快乐。她在探索症结时，发现原来是母亲和她的关系太亲密了。从小，母亲有各种病痛，由于怕失去母亲，身为长女的她把母亲照顾得无微不至；直到婚后，有了自己的家庭，母亲仍然三天两头打电话来诉苦，这使她左右为难，又内疚不已。

另外一位是家中的独生子。从小父母怕他学坏，把他管得非常严格，以致成长后的他心中总有一股不平之气。北上就业后，他终于减少和父母当面摩擦的机会。可是每次接到家中电话，不是责怪，就是担心，又弄得他很愤怒。他明明知道父母是好意，可是一言不合，总是在电话中吵起来，等到挂了电话，心中又懊恼不已。

一、讨爱的小孩子

这种"父母情结"，在不少人的成长路上曾经留下明显的阴影。事实上，绝大多数的父母都是爱子女的，只是在言行的表达上可能运用了不恰当的方式，以致让子女有了受伤害的感觉。等到子女长大成人后，心里的小女孩、小男孩常常带着不平衡的心情出来讨爱，结果又衍生了许多相处上的困扰。

情绪管理走到这个阶段是需要从"治本"来着手。所谓"治本",就是从"自我探索""自我调整""自我成长"阶段,来到"宽恕"和"整合"阶段,这时才有可能走到"心平气和"的阶段。

虽然人生根本不可能"倒带",也没有人喜欢童年阶段不愉快的回忆。但是,今天既然已经碰到了,就需要通过一些方法来调整和管理。

二、把感觉"转化"了

冥想宽恕法是通过专业辅导的技巧,引导一个人在柔和的音乐、安全的环境和支持的团体中,静心地回到过去感到受伤害的情境,然后在讲师的引领下去改变当时的感觉。当一个人的感觉得到转化的机会时,一些负面情绪的纠结往往也就迎刃而解了。

一位男士,多年来一直抱怨父母从小没有好好照顾他,以致他体弱多病。在通过冥想回到童年时,他才想到,五岁时候曾经有一场重病,家人为了抢救他的生命而耗尽积蓄,后来,为了偿债,父母又忙碌地四处打零工来赚钱,以致让他的童年孤单了。回到童年的际遇,他失声痛哭,再进入父母的角色来看人生,刹那之间,他完全宽恕了父母,原来父母背负了那么沉重的包袱,过去的他何尝了解过呢?

三、宽恕需要时间

释放心中的怨气、怒气,确实需要一点时间,宽恕也需要一个过程。有些人的心结,可能在年岁渐长、历练丰富后,一念之间,自己就跨越过去了；有的人可能经年累月，仍是困扰不已。如果是后者，不妨寻找专业讲师或专业辅导机构，通过团体共同成长的方式或个人咨询的方式，找到释放负面情绪的诀窍。

通过冥想宽恕法，像上述第一个例子，她将可以释放对母亲过度照顾的重担。她已经做得够好了，母亲的健康应该由母亲自己来扛责任。在第二个例子中，这个独生子在冥想中看到了父母的脆弱和无助，于是慈悲怜悯之心油然而生，他承诺："对父母说话，会更有耐心！"

空椅子治疗法

几把空椅子可以改变人的情绪吗？

不错，通过空椅子治疗法，可以让人们学习活在"此时此刻"，减少被"过去已发生的事"和"未来可能发生的事"干扰。

空椅子治疗法是完形治疗法中的一种技法。而完形治疗法是由美国心理学家弗雷里克·S. 皮尔斯等所创立的一种心理治疗法。

运用空椅子治疗法来管理情绪，有如下功能：

一、解决冲突

首先准备两张或数张椅子（有时也可以用坐垫替代），然后以每张椅子代表不同的角色来进行心灵对话。例如：A 椅代表我们（家长），B 椅代表孩子。当我们坐在 A 椅时，说："你每天只会玩手机，作业都不好好写，这样怎么跟得上学习进度？"

接着，我们换坐到 B 椅，闭眼体会孩子可能的心声："我上了一天的课，回到家想休息一下，可不可以不要一直唠叨。"

然后坐回 A 椅，心里可能跳出的话是："你为什么每次都要给自己找借口，难道你不想为自己的前途着想吗？"

再坐回 B 椅："妈，爸，我知道你们的意思，可是你们一直这样说，给了我很大的压力!"

像这样互相对话的过程，继续至少三十分钟，由当事人的我们在不同的角色中穿梭。这样一来，我们有机会说出压抑多时的苦闷，同时，还能学习"同理"另一方的感受。这样，内在冲突的感觉才有机会取得谅解和协调。

二、面对现在

完形治疗法着重于如何专注于眼前的生活，所以运用空椅子对话的方式，不但可以处理亲子冲突，其他包括夫妻关系、同事关系、和长辈的关系、男女朋友关系，甚至"理想我"和"现实我"之间的关系，也可以借此找到尽快改善关系的契机。

其实，整个过程也是让当事人有机会把内心曾经分裂的碎片，再度整合回来。

三、不再压抑

有时候也可以在咨询室或成长团体现场，只摆一把空椅子。这把空椅子代表可恨的对方，于是我们想象出对方的影像，并模拟空椅子就是对方，同时让我们在"自己"和"对方"不同角色下对骂。在讲师引导下，甚至可以拿枕头或椅垫去捶打代表对方的空椅子。如此一来，骂完了，打完了，气也消了一大半，回到现实生活，比较容易原谅对方，并且勇于表达心中的感受。

四、好好说"再见"

有些人因为当时年轻，或者因为时空相隔，无法立刻返乡送别，以致错过亲友过世前的道别。在空椅子治疗法的过程中，一样可以向对方说出心中的思念、追悔或感谢，让自己和对方的关系有个完整的结束，而不再带着遗憾过人生。

团体咨询法

一位男士，约三十五岁，当引导他说出心中对父母的感觉时，他的话卡在喉咙里硬是挤不出来。

"试试看！那是什么感受呢？"在心理咨询专业讲师的关注引领下，压抑多年的他，仍在挣扎矛盾的边缘。

嘴巴是想说出真实的感受，可是心里有着其他的声音："不可以批评爸妈，他们对我从小管教严厉，也是为我好，是我自己不够好，我怎么能怪他们呢？"

一、他终于说出口了

"对，你很爱父母，你不忍心苛责他们，我可以了解。但是，你心里的真实感受呢？我们总要给自己一个机会来面对自己。"

静默中的他，聆听着讲师的话语，嘴唇时而抿紧，时而微张，同一个成长团体的其他学员们也在关注着他，并耐心地等候他开口。

"来，跟我说，我——"

"我——"他终于开口。

"很——"

"很——"

"生气!"

"生气!"

"我很生气!"这次讲师的语句是完整而且提高声调了。

"我很生气!"他紧跟而来，开始可以听出他声调中的怒气。

接下来，根本不需要讲师提词，他站起身子，离开座椅，然后大声地，一句一句地喊出了积郁多年的压抑。

约莫十分钟，他瘫坐在椅子上喘气，稍作休息后，讲师又引领他做内在情绪的探索。

"你很生气是因为……"

接下来，平静许多的他，在数次"因为"提词的引导下，终于吐露了心中的感受。

二、借镜使力的好处

参加心理探索的成长团体，也是情绪管理的秘诀之一。因为在成长互动、共同分享和专业引导的机会下，成员将发现三个好处。

（一）释放焦虑

原来自己的问题也是别人的问题，原来自己并不是唯一的受难者。有了这种认识，问题的严重性已逐渐减轻。

（二）找到借鉴的窍门

来自不同背景的成员，在分享不同的人生经历时，其中蕴藏了许多宝贵的经验和智慧，足够让在场其他人员作为借鉴。

（三）学习转化的技巧

我们无法改变出身背景，无法改变曾经发生的一些人生经历，可是我们却可以通过各种成长的方式来改变自己的价值观。当价值观更有弹性，情绪不容易受波动时，自己的运途也就逐步豁然开朗。而参加心理咨询团体的共同成长方式，正是让自己价值观得到快速转化的机会。

三、找到了盲点

我已经带领成长团体许多年了，经历了许多学员失声痛哭，互相拥抱鼓舞，破涕为笑，或是眼睛为之一亮的奇妙经验。最重要的是生命在互相关怀的机会里，每一个人敞开自己的速度变得很快，同时映照自己盲点的概率大为提高，紧跟着自求调整和管理的动力也就出来了。

收场沟通法

管理情绪的方法有许多种，我个人最常运用的是"一吸二离三好玩，第四回来再沟通"。所谓的"一吸"就是在心情不舒服的第一刻里，通过自我觉察，立刻做深呼吸。很奇妙的是，只要几个深呼吸下来，一个人内在的气息得到调整，脉搏的跳动将会降缓，心里不舒服的感觉也跟着转换。

其次，"二离"就是暂离现场。有些事不必急在这一刻去解决，在剑拔弩张的对峙里，多半是两败俱伤，还不如有一方先冷静下来，向对方说："我们十分钟后（或明天）再谈好吗?"让双方在不同的空间里自我调整一番再说。

"三好玩"是第三步骤。我们暂离现场后，立刻找到另一个有趣的活动，例如听一首轻快的音乐，看一两则幽默的笑话，吃点可口的小点心，或让身体活动一下。总之，不要让自己在原先郁闷的情绪里继续往下陷。

"第四回来再沟通"是第四步骤。也就是另外找对时间，找对空间，找对人，再重新讲对的话来沟通，这个也叫作"收场"。

我和先生一同去添置家具。当时我问老板："可不可以用信用卡?"没想到话一出口，先生用手挥拍了我的胳膊。我自觉没面子，整个情绪被激恼起来。（事后，先生说他只是轻拍，暗示我不要多问，我却有不同的感受，认为他想管制我。）

后来，走出那家家具店，我们打算去看电影。在路上，我一时按捺不住，说："如果有什么建议，你可以好好跟我说……"

才说到这里，我的先生马上回击："你这个人……"

两个人就互相攻击起来。快到电影院前，我决定要把当下的情绪重新管理一番。因此，当先生提及去喝咖啡时，我说："我要去吃冰激凌。"说真的，在这样紧张的局面里，我实在需要好好深呼吸，好好找个另外的空间来释放情绪。

果真，在吃冰激凌时，我用吸的、咬的、吮的、含的各种不同的方式，非常专注地吃，越吃越觉得有趣、好吃。十分钟之后，当冰激凌被吃完时，我肚子里的气已经消了一大半。

然而，沟通的问题还是要解决呀！那怎么做"收场"的沟通呢？当天晚上的气氛还不是很合适，我耐心地等到第二天，也就是周日的晚上，我看见丈夫轻松愉悦地斜躺在床边。于是我靠向前，和颜悦色地说："有一件事很想和你重新沟通……"

这时因为换了时间、空间，两个人的感觉也已经改变。首先，我先做到了耐心聆听他的说法，接着也把"请他明白我"的需要说出来。最后我听到丈夫说："对啦！我们夫妻俩要好好相处，有些事是可以商量的。"我知道我们已经达成更好的共识了。

后
记

生活在行动里

曾经有一位老师父，在临终前，他静心地等候这重要的一刻来临。这时，一位小徒弟突然想到一件事，他走向前提醒老师父。

小徒弟说："师父，师父，您不是很爱吃蛋糕吗?"

老师父微睁眼睛，若有所悟地说："是呀!"

于是，小徒弟跑去很快地拿了一块蛋糕来。

"师父，蛋糕来了。"

老师父接过蛋糕，一口一口慢慢地吃起来，一边吃，还一边说："这块蛋糕真的很好吃! 这块蛋糕真的很好吃!"

当老师父吃完蛋糕时，他躺下身子，然后平静地走了。

这位师父在吃那块蛋糕时，他没有"懊恼过去"为什么不多吃一点，也没有"担心未来"的下一刻即将离开人世，再也吃不到蛋糕了。他就是在活着的"现在"，带着"感谢"和"享受"的心情，认认真真地把眼前的蛋糕吃下去。

这个故事让我有一些领悟和感动。领悟的是：这块"蛋糕"其实也代表着目前在我身上所拥有的一切，例如，家人、亲友、健康、能力、财物……感动的是：原来我如果学会了活在当下的"行动"里，就不用背负着一些"过去"和"未来"的情绪包袱。

有听众朋友好奇地问我："吴老师，你每天都这样快乐吗?"

我的回答是："是的，我每天几乎可以维持在一个心情愉悦的情绪状态中，但是并不代表我从来不会碰到困难、挫折。过去我曾经背负了一个心结一二十年，也常常情绪起起伏伏。现在的我在面对问题时，已经学会运用情绪管理的方法在最短的时间内，把自己调整回来。"

是的，我的快乐是学习来的。

而我的诀窍就像那位师父一样——让自己活在当下的行动里。

这里所谓的"行动"，并不是说我随时随地都在紧张地活动中，而是在碰到情绪转到负面时，马上进入自我觉察，并且经过"三W"的过程。

What——我现在面临什么状况?

Why——为什么会如此发生?

How——下一步该怎么做会更好?

其中百分之八十的比重放在"How"，经常以马上行动的方式来调整。例如：立刻听美好的音乐、再度和对方和谐沟通、讲自我激励的话语，或是进入自我探索等。

总之，我要让自己尽快远离沮丧、悲伤、愤怒、失望……然后情绪走向振作、信心、有趣、乐观……

　　有一种说法："这世界上有两种人，一种是找到方法的人，一种是找到借口的人。"

　　相信各位读者朋友和我一样，在认真成长的人生旅途中，我们都在多角度寻找情绪管理的好方法，同时以马上行动来善待自己。